港口含油污水处理技术理论与应用

周　斌　王建功　主编

北京工业大学出版社

图书在版编目（CIP）数据

港口含油污水处理技术理论与应用 / 周斌，王建功
主编 . — 北京 ： 北京工业大学出版社，2021.10重印
  ISBN 978-7-5639-6744-5

  Ⅰ . ①港… Ⅱ . ①周… ②王… Ⅲ . ①港口－含油废
水处理－研究 Ⅳ . ① X736.103

中国版本图书馆 CIP 数据核字（2019）第 024565 号

港口含油污水处理技术理论与应用

主　　编： 周　斌　王建功
责任编辑： 刘卫珍
封面设计： 点墨轩阁
出版发行： 北京工业大学出版社
　　　　　　（北京市朝阳区平乐园 100 号　邮编：100124）
　　　　　　010-67391722（传真）　bgdcbs@sina.com
经销单位： 全国各地新华书店
承印单位： 三河市元兴印务有限公司
开　　本： 787 毫米 ×1092 毫米　1/16
印　　张： 7.75
字　　数： 155 千字
版　　次： 2021 年 10 月第 1 版
印　　次： 2021 年 10 月第 2 次印刷
标准书号： ISBN 978-7-5639-6744-5
定　　价： 38.00 元

前　言

　　港口是一个国家资源配置的枢纽，是资源能够在全球范围内流动的支撑，是一个国家的经济门户。然而，在港口作用扩大的同时却导致周围地区环境质量下降，越来越多港口城市的海水和空气质量均受到不同程度的污染，其中含油污水作为港口营运中的特殊污染源对港区水域环境的影响也越来越严重。含油污水进入海水后，使海水中大量的溶解氧被油类吸收，油膜覆盖于水面，使海水与大气隔离，造成海水缺氧，对幼鱼和鱼卵产生极大的危害，导致海洋生物死亡。同时，含油污水的直接排放也会给港口企业的生存和居民生活带来不同程度的影响。

　　港口连接陆域和水域，是水陆交通的集结点和枢纽，在城市发展中具有举足轻重的地位，在国民经济中起到非常重要的作用。2006 年《全国沿海港口布局规划》的出台对我国沿海港口资源的合理开发和利用起到了十分重要的促进作用。在积极搞好港口建设的同时，如何做好港区的环境保护工作，建设绿色港口，是关系到人类生存和发展的长远大计。港口每天有大量船舶进出，由船舶进出港口所引起的油类物质、压载水、机舱水、垃圾、生活污水等船舶废物以及由烟尘的排放和设备老化引起的泄漏等造成的污染给港口的环境造成很大压力。其中港口油污水浓度高、治理难度大，严重威胁到海洋和近海区域的生态安全，加快对此类污染治理的研究对于改善港口水质，促进港口可持续发展具有十分重要的意义。

　　随着污水排放标准的日益严格，含油废水的治理是当今港口环境保护工作亟需解决的问题，现有处理方法对含油污水中 COD 等有机污染物的去除已经远远不能满足排放标准的要求，因此，必须实现含油污水的深度处理。同时，在港口地区应加强含油污水治理的力度，做到"有污必治"。另外，国家对于中水回用工作的重视程度日益增强，尤其对于渤海湾地区的港口，将逐步减少污水排放量直至不向渤海湾排放一滴污水。因此，很有必要对含油污水进行深度处理，实现污水的回用资源化。通过对港口含油污水的治理，使港口企业实现节能减排，这将有助于实现建立资源节约、环境友好型企业的目标。

目 录
CONTENTS

第一章
港口含油污水简介

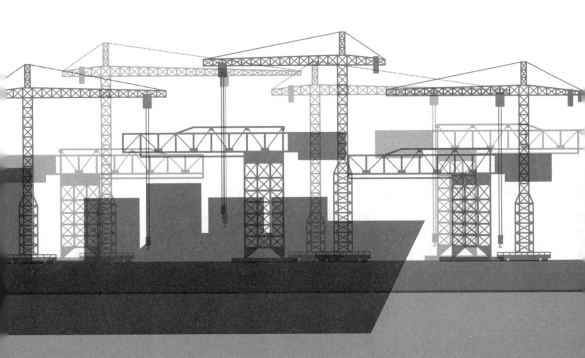

第一节　港口含油污水中油类的形态及主要来源

一、油类在水中存在的形态

含油污水中不同形态的油具有不同的理化性质，在很大程度上决定了相应处理方法的选择。通常，油类在水中主要以浮油、分散油、乳化油、溶解油及固体吸附油等形式存在。

（1）浮油。它以连续相漂浮于水面，形成油膜或油层，这种油的油滴直径较大，一般大于100μm;

（2）分散油。它以微小油滴悬浮于水中，不稳定，静置一定时间后往往变成浮油，其油滴粒径为10～100μm;

（3）乳化油。水中往往含有表面活性剂使油成为稳定的乳化液，乳化油的油滴粒径极微小，一般小于10μm，大部分为0.1～2μm。

（4）溶解油。它是一种以化学方式溶解的分散油，油粒直径比乳化油还要细，有时可小到几纳米甚至以分子形式分散于水中。

（5）固体吸附油。水体中存在的各种悬浮颗粒物可以吸附油类物质，形成固体吸附油。

二、港口含油污水的主要来源

（一）到港船舶所产生的油污水

到港船舶所产生的油污水主要有机舱舱底油污水、燃油舱或油船货油舱作为压载舱时所产生的压舱油污水、油柜或油舱清洗时所产生的洗舱含油污水等，俗称"三水"。相关统计资料表明，船舶排放的压载水和洗舱水以及机舱水在船舶油污染水总量中占75%。

舱底油污水主要来源于机、炉舱的油、水管路渗漏，日用油柜和污油柜的疏水，燃油设备、滤器的洗涤水等，因此，油类成分复杂，油分含量差别巨大。此类污水含油浓度多在 2 000~5 000mg/L，其中 70% 为润滑油。另外，作为添加剂加入燃料油和润滑油中的表面活性物质促成机舱水中相当多油分以乳化油的形态存在。机舱水一般年平均发生量为该船总吨位的 10% 左右。

压舱油污水是燃油舱或油船货油舱作为压载舱时所产生的含油废水，此类废水油分浓度高，一般为 3 000~5 000mg/L，且多以浮油和分散油的形态存在。另外，舱内压载水中油分分布不均匀，上层为浮油层，含少量水，厚度在 15~50mm，个别厚度为 100~120mm；中间层主要是水，含少量油，油分浓度一般在 20~500mg/L；下层为油泥层，含少量水分和固体杂质，主要是油和固体杂质的混合物。

洗舱油污水是油柜或油舱清洗时所产生的，其成分主要是油、泥沙和铁锈，还有洗涤剂和微量的酚等。洗舱水的平均油浓度为 30 000mg/L，有时高达 200 000mg/L，而且其中大量油分以乳化油的形式存在。

(二) 港口油码头装卸作业时的溢油漏油

在一些港口油码头，船舶装卸作业时发生的溢、漏油亦不可小视。这些日常的跑、冒、滴、漏、渗一般是在装卸油的管线、阀门、接口等处产生的，这与设备保养不良、人员操作不规范有关。据统计，约有 92% 的溢、漏油事件发生在船舶装卸作业时，发生意外事故的仅占 8%。

第二节　港口含油污水的危害

随着港口贸易和运输的日益发展，环境污染也日益严重，其中海洋油类污染问题引起了人们的广泛关注。海洋受到油类的污染，尤其是受到严重污染时，会给海洋生物和海洋环境带来巨大的危害和损失。

一、对生物的毒性及危害

油类对生物的毒性可以分为两类：一类是大量油类造成的急性毒性，另一类是长期低浓度油类的毒性效应。一般轻质油的炼制品毒性比原油的大，油类的毒性与其中含有的可溶性芳烃衍生物(如苯、萘、菲等)的含量成正比。

石油污染海洋，首当其冲的受害者是浮游生物，包括浮游植物和浮游动物。它们是海洋中其他动物的饵料来源，处在海洋食物链的最底层。油类对浮游植物的光合作用速度有明显的损害，会妨碍了藻类的生长，但也可以看到某些藻类在遭受油类污染的水体中却繁殖旺盛的现象。溶解在海水中的石油对鱼类的危害更大。它可通过鳃或体表进入鱼体，并在体内蓄积起来，损害它们的各种组织和器官。生活在海底的底栖动物如海参、各种贝类、海星、海胆等，它们不仅受到海水中石油的危害，而且还受到沉到海底的石油更大的危害。在一些石油污染比较严重的海区采捕到的贝、蛤、蚶、蛏等煮熟后常常有一股浓烈的油臭味。生活在油污染区的海鸟和海兽也因为油污染而大量死亡。据报道，近50年来因油类污染已有1 000多种海生生物灭绝，海洋生物已减少了40%。

二、对人体健康的危害

油类污染中一般都含有一些致癌物质，如苯并芘、苯并蒽。这类致癌物质很容易在海洋生物体内积累和富集，而且很难分解，因此，人们食用受到污染的海产品就有可能将苯并芘等致癌物质摄入体内，最终危害到人体健康。另外，海洋生物遭殃，水产资源被破坏，最直接的后果是减少了人们赖以生存的动物蛋白的一个重要来源。

三、对水体的危害

流入海洋环境中的石油由于自然降解和微生物分解，会消耗海水中大量的溶解氧。海水严重缺氧，给所有生活在海洋中的生物造成威胁。溶解油和乳化油则直接污染水体。

四、对大气的危害

含油废水中含有挥发性有机物，且因以浮油形式存在的油类形成的油膜面积大，在各种自然因素作用下，一部分组分和分解产物可挥发进入大气，污染和毒化水体上空和周围的大气环境。同时，因扩散和风力作用，可使污染范围扩大。

五、对自然景观的危害

油类可以互相聚成湿团块，或黏附在水体中的固体悬浮物上，形成油疙瘩，或聚集在沿岸、码头，形成大片黑褐色的固体块，破坏自然景观。油污染使码头和水上建筑物黏附大量油污，影响其维修工作和使用寿命，并恶化港口的自然环境。

港口污水中的各种污染物分别来源于港口运输、溢油事故、设备腐蚀等，水中富含大量可溶解油、乳化油和其他有机污染物。此类污染严重危害海洋和近海区域的生态平衡，是迫切需要治理的环境问题之一。

第三节　港口含油污水处理过程及存在的问题

一、港口含油污水处理方法

目前对于含油污水的处理已研究和开发出多种方法，根据方法原理不同可分为物理法、物理化学法、化学法以及生物法等。物理法主要包括沉降、机械、离心、粗粒化、过滤、膜分离等；物理化学法主要包括浮选、吸附、离子交换等；化学法主要包括凝聚、酸化、盐析、电解等；生物法主要包括活性污泥、生物滤池、稳定塘等。根据油的存在状态，可以对含油污水进行分级处理，按处理深度分可分为一级处理（水面浮油的处理）、二级处理（针对分散油和乳化油）、三级处理（深度处理）。

现阶段，我国大多数港口特别是油港都设有专门的含油污水处理设施。港口含油污水处理站的处理程序一般先采用重力沉降的方法除去水面大部分的浮油，然后以气浮或粗粒化装置进一步去除分散油和乳化油，最后以生物法或吸附法深度处理含油污水，使水质达到排放标准。船舶产生的油污水可以在船上直接用油污水处理设备自行处理，也可以送至专门的油污水处理船或港区的油污水处理站进行处理。对水面溢油的处理，一般采用机械回收法和化学处理法。机械回收法所用到的设备主要是围油栏和浮油

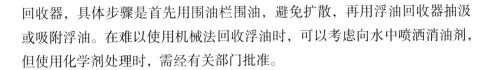

回收器，具体步骤是首先用围油栏围油，避免扩散，再用浮油回收器抽汲或吸附浮油。在难以使用机械法回收浮油时，可以考虑向水中喷洒消油剂，但使用化学剂处理时，需经有关部门批准。

二、港口含油污水处理工艺的选取原则

为取得理想的处理效果，目前许多油污处理机构及设备服务公司进行了大量的研究工作，一般认为在确定处理方法时，应遵循以下原则：

（1）处理工艺应以物理方法为主，原则上不加入化学处理剂，以防止对分离出的油品、水及环境产生二次污染。

（2）处理工艺及设备要达到对成分复杂的各种油污进行高效分离处理，分离后的原油可直接进入储罐、管道或返回炼油厂，固体残余物可以分解处理，处理水应达标排放。

（3）设备运行要稳定，并适应不同的工作环境；根据不同的油污类型组合出不同的处理方案；处理工艺及效果应符合国家标准；设备便于运输。

三、港口含油污水处理过程中存在的工艺缺陷

目前，国内大多数港口含油污水处理系统多采用物理法和物理化学法相结合的处理工艺，如采用隔油、混凝、气浮等传统处理工艺，而较少采用生化处理工艺和深度处理工艺。根据近年来实际运行状况来看，由于港口含油污水的含油量波动范围大，化学需氧量（COD）中 Cr 值高，成分复杂，现有工艺已不能满足对油类污染物的去除要求，导致系统处理效果不稳定，出水含油量波动大，并且难以去除粒径较小的乳化油和溶解油。如果采用化学破乳与气浮相结合的絮凝气浮法，则对油品的资源回收再利用造成不利影响。随着国家对污水排放标准的日益严格，迫切需要对现有处理工艺加以改进以提高处理效果。大连新港在这方面做了尝试，通过将平流隔油贮水池的前 1/4 部改建为预曝气斜管隔油池，增加蒸汽加热管和机械刮油设备，对生物滤池进行改造等措施，使得最终处理出水含油量小于 5mg/L（在污水含油量为 1 000～3 000mg/L 时）的水。

第二章
港口含油污水处理现状

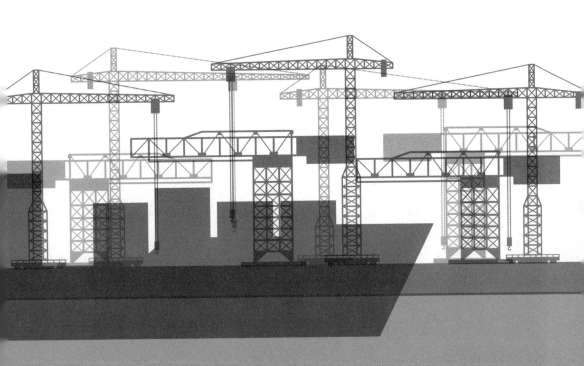

第一节 港口的基本特征

一、港口的物质特征

港口的物质特征是指港口的物质性,即港口的组成。港口作为一个整体性的概念,是由若干部分所组成的,即特定的物质组合就形成了港口。这种组合必须是特定的,因为缺少任何一项因素,或者任何一项因素与其他因素组合所形成的就不一定是港口了。一般来讲,港口的基本物质组成大致有三个方面:

(一)港口水域

任何港口都有其相应的水域,水域是港口实现其功能的基本条件。就旅客、货物的集散及货物的装卸来讲,任何一个车站、机场甚至其他场所都可以进行,而港口之所以能够独立存在,就在于港口的旅客、货物集散及货物的装卸主要是在水、陆之间进行的,没有水域,港口也就不存在了。港口水域主要供船舶锚泊、停靠及进行其他有关作业。

(二)港口陆域

港口陆域是港口水域的依托,港口陆域所具有的功能及在港口陆域所发生的行为也比港口水域广泛和复杂得多,从这一意义上讲,港口陆域是港口的主体部分。

(三)港口设施

港口设施是为提高港口装卸效率、提高港口的现代化水平、实现港口的各种功能而在港口水域、陆域设置和建造的人工构造物。各种设施的人工建造程度不同,但都离不开人的活动,如码头、浮筒、客运站及各种设备完全是人工建造和设置的,而锚地、航道等的人工成分就相对少一些,但仍然需要进行必要的扫床、清障等并进行人为划定。

二、港口的功能特征

港口的功能特征是指港口的主要作用，只有分析清楚港口的作用，并准确地把握其根本性的作用，才能深入地了解和认识港口，并准确地定义港口。一般来讲，港口具有以下两个层次的作用：

(一) 在交通运输中的作用

作为交通基础设施，港口的基本作用体现在交通运输方面：第一，港口为船舶提供相应的服务，船舶运输货物需要在起运港装船在到达港卸船，港口对船舶来讲至关重要，船舶在港口锚泊、靠泊及进行其他作业时使用港口的设施和服务；第二，港口为货物的通过提供相应的服务，货物与港口发生关系主要是因为港口提供相应的装卸、储存、驳运及相关服务；第三，为旅客提供上下船舶和候船服务，旅客和货物一样与港口发生关系是因为其要通过港口，因此，港口对其提供的服务主要是上下船舶和候船服务。

(二) 在交通运输以外的作用

港口在交通运输中作用的发挥使之成为经济运行中的重要环节，特别是一些重要的港口，成为各种经济关系的中心，以及现代物流的集散地。港口的发展为加工工业在港口附近的聚集创造了条件，而且由于地理位置优越，大大提高了经济效率、降低了生产成本，使港口附近加工工业不断壮大。港口附近加工工业的发展要求提供高效、便捷的金融、贸易服务，于是相配套的金融、贸易服务机构和设施也在港口附近设立。港口的发展促进了加工工业、金融、贸易服务的发展，加工工业、金融和贸易服务的发展又促进了港口的发展。在这种相互促进、共同发展的过程中港口逐渐成为经济发展的中心，相应地，又会要求教育、科研、文化、生活、娱乐、医疗等方面的配套功能，使港口日趋社区化。

现代港口除其在交通运输中发挥重要作用外，在社会经济生活中也具有十分突出的地位，是促进经济增长、提高就业、方便人们生活的重要因素。港口也是一个国家的窗口，对于发展国际交流具有重要意义。在军事

方面，港口是巩固国防、应付各种紧急情况的有力后备条件。

三、现代港口发展的影响因素

(一) 现代科技与经济一体化对港口发展的影响

高新技术的日新月异已对港口产生了重要影响。现代高科技在港口中的体现具体为运输方式现代化，港口装卸工艺合理化，港口装卸机械设备自动化、电器化。作为全球综合运输系统的节点，港口的效率、服务水平及可靠性是非常关键的因素。而现代技术，特别是现代信息技术与自动化技术可为港口物流过程提供良好的控制与管理，使其更好地成为前沿与后方腹地联系的中枢。另外，港口作为国际物流链中的技术节点，是船舶、航海、内陆运输、通信、经营技术革新的汇聚点，现代科技的发展使港口日益成为全球综合运输网络的神经中枢，信息的"桌到桌"（Desk to Desk）交换将成为未来港口的竞争焦点。可以预见，电信港或可提供良好信息与通信技术基础设施的港口在未来竞争中将更能显示出其优势。现代科技的发展引发了交通和通信的现代化和管理的计算机化，现代交通和通信工具的应用大大缩短了国与国之间的空间距离，电子计算机的应用实现了信息的收集、储存、加工和传递的自动化，全球经济的联系日趋紧密。全球经济一体化的发展增加了世界各国经济与贸易的相互依赖性。由于技术的进步和运输成本的降低，地区优势更加突出，以往的综合生产过程可以在不同的区域内进行，以加强成本与服务优势，技术的革新和生产的区域化导致了原材料运量的相对降低，相反，高附加值产品的运输却在大量增加，这对运输服务的及时性与可靠性提出了更高的要求。

全球经济一体化的发展使跨国经营盛行，跨国集团公司内部贸易正日益成为世界贸易方式的重要特征。集团公司内部贸易的目的在于尽量减少库存与提高效率，这就引发了新的生产方式与贸易组织方式：即时运输与就地生产，并使集成化的生产与运输经营更加规范化，从而导致多式联运与综合物流服务需求的增加。多式联运促进了国际货运大联合，极大地提高了运输效率与经济效益，作为专门为货物运输和船舶装卸提供服务的港口必须适应这种变化。

(二)国际航运新动态对港口发展的影响

近年来,班轮公司规模不断壮大,其经营业务也在逐步扩展,从海上运输不断延伸至港口、内陆乃至空中,班轮公司正在从海上承运人向国际多式联运与综合物流服务提供者方向发展。为加强多式联运与物流系统的连续性与稳定性,班轮公司的港口发展战略正在向战略伙伴租赁合作和自己建设方向发展。港口本身可以逐步建设发展,但其成败的关键是能否吸引全球承运人船舶的挂靠,能否成为集装箱装卸中心。随着国际多式联运与综合物流服务的发展,现代港口作为全球综合运输网络的节点,其功能也将更加广泛。传统的港口活动只包括中转与产品分配,但随着国际多式联运的发展与综合运输链复杂性的增加,现代港口正朝全方位的增值服务方向发展,成为商品流、资金流、技术流、信息流与人才流汇聚的中心。首先,港口已成为物流服务中心,其功能以港口为中心向内陆扩展,如批发、配送、仓储业及自由贸易区等,为船舶、汽车、火车及仓储提供综合物流服务,以提高多式联运效率,增强其作为综合运输连接点的竞争力。其次,港口作为商务中心,为用户提供方便的运输、商业和金融服务,如代理、保险、银行等。最后,港口作为信息与通信服务中心,不仅为用户提供所需的市场与决策信息,还具备现代电子数据交换系统的增值服务网络,同时,港口还应是一个人员服务中心,如提供贸易谈判条件、人才供应和海员服务等。这些功能的宗旨是使现代港口起到简化贸易和物流过程的作用。只有满足了这些条件,并能成功地进行市场营销,港口才能巩固和提高其在国际多式联运和全球综合运输物流链中的地位。

随着全球经济一体化和跨国经营的发展,船舶大型化与战略联营体已成为国际航运的发展趋势,这些对现代港口的发展都提出了更高的要求。首先,现代港口不再以一般的货物吞吐量为衡量标志,集装箱吞吐量将成为衡量现代港口作用与地位的重要标志。集装箱船舶大型化对于港口自然条件和装备的要求大为提高,港口必须满足这些要求,才能成为集装箱装卸中心。目前,世界上大多数港口都或多或少地面临岸边空间、陆地领域、集疏运连接、港口水深和资金等问题,但为求得竞争优势,实现枢纽港与世界装卸中心的地位，越来越多的港口都采取积极措施扩大规模。其次，大型集装箱船在港口存在不经济性，尤其船舶越大，在港口时间越长，在港成本也随之增大，大型船舶的规模经济效益能否实现主要取决于船舶在海上航行时间与在港停泊时间的比例。因此，世界主干航线上大型集装箱船的挂靠港减少，这将改变世界枢纽港与喂给港的结构。最后，大型船需要港口具备一流的集疏运条件与堆存能力。由于大型集装箱船在港一次装箱量大，装卸效率要求很高，港口如不具备良好的集疏运条件，则难以保证大船船期，也就降低了自身的竞争实力。

全球联营体的形成也对现代港口的结构与布局产生了深远影响。全球联营体以世界航运市场作为自己的活动舞台，将联营范围从海上延伸到港口及路上设施。联营体的发展不但改变了运输市场的格局，而且对于港口的发展也产生了重大影响。联营的目的之一是使挂靠港口合理化和码头使用合理化，这将使班轮公司对港口及码头的使用更加集中，并使大型装卸中心与配套集疏运系统更加完善。在未来市场中，那些有能力吸引大型联营体和独立承运人的港口将有希望成为集装箱枢纽港或装卸中心，而那些地理位置较差且竞争力不足的港口则只能起到支线与喂给港的作用。

第二节　港口污染处理技术现状

我国现阶段处理港口含油污水的方法是传统意义上的物理化学法，这种工艺方法是指将传统物理法和化学物理法相互结合。对传统物理法来说，可以依据处理工艺的不同分为三个等级，分别是一级处理工艺、二级处理工艺以及三级处理工艺，这三个等级的处理工艺分别对应的是浮油去除工艺、分散油和乳化油去除工艺、深处理工艺。一般情况下，运用上述三种工艺方法对含油污水进行处理，可以较为有效地去除污水中的油脂类污染物，但对其中的有机污染物进行处理时所取得的效果并不是十分明显。另外，一旦含油污水中的有机污染物无法去除，就有可能导致污水难以达标排放，进而对接纳水体造成一定程度的污染。根据相关实际情况表明，上述含油污水处理工艺仍然存在着如下几个方面的问题：①除油效果的稳定性较差，抗负荷冲击的能力较弱；②所能够去除污染物的范围较狭窄，处理效果难以进一步提升；③不利于废油的回收再利用；④处理效果难以满足日益严格的环保要求。

港口含油污水的处理方法是通过微生物的新陈代谢，将内部的油污进行溶解，在一定程度上将胶体有机物降解，待到降解完成之后，将含油污水中的有机物转化成无害物质，这样就能够达到净水的目的。根据当今港口含油污水处理工艺进行划分，可以分为活性污泥法、生物接触氧化法、生物转盘法、稳定塘法以及生物流化床法，其中生物膜技术的处理效果最为明显。

一、生物膜技术

生物膜技术的作用机理是将含油污水中的生物降解作用和膜高效分离作用相互结合的一项技术，为了充分去除含油污水中的污染物，必须充分发挥微生物的降解作用。我们通过将生物膜技术与传统技术进行对比，发现生物膜技术具有很大的优势，突出表现在以下几方面：混合悬浮固体浓度相比而言具有浓度提高、水质量提高的特性，同时模式化设备的占用空间非常小。同时，经过试验表明，通过应用生物膜技术所排放水的水质已经达到了污水排放标准。但是该技术并非十全十美，主要是该技术在应用中花费较高，该问题亟待解决。

二、生化处理技术

我们所认识的生化油污处理是运用微生物的新陈代谢，将油污进行分解，并且在一定程度上将胶体状态的有机物降解，降解完成之后，将原先的有机物转换成为无害的物质，这样一来，就有效地达到了净化污水的目的。目前状况下，将生化处理工艺根据在处理过程中是否会消耗氧进行分类，可以分为好氧处理以及厌氧处理；根据污水中生物的存在状态，又可以分为两类，即活性污泥法和生物膜法。在我国以及国外，都已经有一定的技术水平去处理含油污水，在我们所了解的方法中有以下几种方法：活性污泥法、生物接触氧化法、生物转盘法、稳定塘法以及生物流化床法，

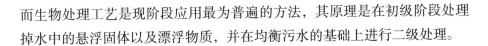

而生物处理工艺是现阶段应用最为普遍的方法，其原理是在初级阶段处理掉水中的悬浮固体以及漂浮物质，并在均衡污水的基础上进行二级处理。

三、其他含油污水处理技术

除了生物膜处理方法外，近些年的水解酸化工艺也取得了不错的效果。通常情况下，在厌氧条件下水解酶会对复杂有机分子产生一定的催化作用，在催化作用下，复杂有机分子会产生一定的水解与酸化反应。为了能够全面改善含油污水的处理效率，复杂分子会产生一定的分解作用，也就是在转化过程中水解化合物，这样可达到预期的处理效果。该技术在实际应用中能够有效改善水处理情况，在有机污水预处理中的应用也十分广泛。可见，该技术在与其余工艺搭配过程中，能够有效提高污水处理效率，其主要的水解酸化过程为：水解阶段、发酵阶段、产乙酸阶段、产甲烷阶段。水酸化工艺在污水处理过程中通过厌氧时间长短进行控制，需要工作人员事先做好甲烷菌和水解酸菌的生长速度假设，并且在水解阶段、发酵阶段进行较短时间控制，在该阶段水解酸菌和甲烷菌会使不溶性有机物降解为可溶性有机物，将生物技术难以降解的物质转化为小分子物质，该处理阶段可以将甲烷发酵阶段直接跳过。

第三节　港口环境水质监测

监测是环境保护技术的重要组成部分，是探清污染物来源、性质、数量和分布的主要手段，也是监督检查排放和环境标准的实施情况以及正确评价环境质量等必不可少的工作。港口监测按环境要素可分为大气、水质和噪声等。主要监测对象在大气中为煤、矿石粉尘的浓度，在水域中为含油污水的浓度和噪声值等及其它们的影响范围。监测内容一般包括样品现场采样与保存、试剂准备与确定测试方法、实验室分析测定、数据处理与评定及总结报告等。监测方法大致分为化学实验室仪器分析法（简称化学分析法）和连续自动监测仪器分析法（简称连续分析法）两类。

一、港口环境水质监测技术

港口环境水质监测的主要项目是油污染。由于港口进出船只频繁，除发生海损事故及某些溢油、漏油意外事故直接造成油类污染水域之外，油轮在排放压载水，装、卸液货时可能将油排入水体。此外，其他各种船舶也有可能泄漏机舱含油污水。为贯彻《中华人民共和国海洋环境保护法》，加强港口油污染监测是保护港口水域环境必不可少的前提。

(一) 红外线照相机探测技术

红外线照相机分扫描式和陈列成像式，在屏幕上显示所摄范围的热像图。热像图除直接与温度有关外，同物质的发射率也有关。即使温度相同，由于发射出的红外线能量不同，油和水在热像图上也能区分开。该仪器可随时记录水污染情况，并测出污染面积。

(二) 多谱线遥感探测技术

该技术应用17个频道和1个扫描器。由于水中的油在紫外线和红外线光谱之间有最佳对比度，由而能探测出水中油污的浓度。摄影部分应用航空照相机或红外线照相机均可。

(三) 航空摄影探测技术

采用现有航空照相机探测石油污染时，必须应用滤光技术来突出油和水的对比度，以达到区分水中油的目的。

(四) 电视系统探测技术

目前电视系统探测应用的是普通电视摄像机、处理器、监视器，以及滤光、偏振、伪彩色增强技术。

(五) 主动红外线探测技术

它是以氙灯或碘钨灯为光源，通过滤光片取出 3.4μm 和 3.9μm 两个波段，向有油的水面发射，油和水在这一特殊的波段各自有特殊的反射率，即在 3.4μm 处，水的反射率高于油，而在 3.9μm 处，油的反射率高于水。仪器根据这一特性，以报警的方式提供编号。

(六) 辐射式温变计探测技术

利用油和水温度相同时所发射的辐射能量不同，根据辐射计上显示的温度差来指示水中是否有油。

(七) 紫外线激光探测技术

紫外线激光探测利用氮激光器发射紫外激光。由于油对紫外激光有很强的吸收能力，在吸收的同时，也会发出荧光，而各种石油的荧光光谱、荧光强度、荧光寿命等都不相同，因此，可利用荧光特性判别石油的种类，这是目前较有前途的探测方法。

(八) 微波雷达探测技术

微波雷达探测利用石油和水的透电率不一样，接收从石油表面和水表面返回信号的相位差来测定有无石油和它的厚度，但测不出油品。

目前主要用以上八种方法探测石油对水域的污染，也有用监测水中溶解氧和二氧化硫的遥测仪器探测石油对水域的污染，但不如地面监测系统经济可靠。

二、水域油污染的监测设施

水域油污染的监测设施分固定式和活动式两种，港湾水质监测多设固定式油监测仪，利用油反射"超短波"的能力比海水强的特性，与其他仪器装在一起自动分析、记录油污情况；活动式监测仪可以装在飞机或船上，也可装在卫星上，这种监测仪器在夜间也可发现溢油情况。常见的监测装置有：① INFRA-EYE301 型航空用红外线照相装置 (日本)，用于陆地表面情况、大海海面情况、温度分布情况以及船舶的油造成的海洋污染的监视。② PAMIC-8800 型图像资料处理装置，由显微镜和具有高度解像力的 ITV 摄像机 (能得到很复杂的图像)，以及图像计测装置等主要部分组成，在观察画面的同时测定其范围，并选择图形最适合的浓度范围值进行确定，并输出数字或图像资料。③RF-502型荧光分光光度仪，它可对船上的机舱水通过采集的激发光谱和荧光强度进行定性和定量分析，以鉴别它们是否同属一种油品。

第三章

港口含油污水接收处理技术

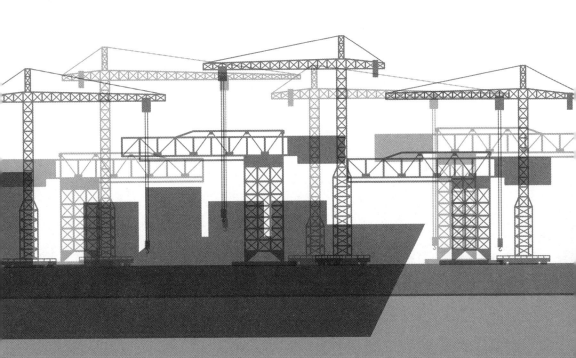

　　随着工业生产的发展，尤其是近年来海洋石油工业和航运事业的突飞猛进，船舶的数量和吨位也日益增多。船舶向水域中任意排放未经处理的舱底水、压舱水和洗舱水严重污染了江河湖海，并远远地超过其自净能力，造成危及人类健康、破坏生态平衡和影响水上交通安全的环境问题。因此，保护海洋环境这个刻不容缓的问题已引起世界各国的普遍重视。

　　为了防止和减少出现上述灾难性的后果，国际海事组织（IMO）率先采取了一系列措施，制定了防止船舶造成海洋污染的公约、规则、决议和建议等，要求各国港口建立油污水接收系统。各国政府也相继修改和制定出符合各自国情的水域环境保护法，以加强港口环境保护。

第一节　我国港口含油污水接收处理概况

　　我国是一个发展中国家，随着国民经济的飞速发展，环境问题对人类的潜在威胁变得越来越突出。我国政府在贯彻《73/85防污公约》1997年议定书的基础上制定了一系列符合我国国情的规定和标准，如《中华人民共和国环境保护法》《中华人民共和国海洋环境保护法》《中华人民共和国防止船舶污染海域管理条例》《中华人民共和国水污染防治法》《船舶污染物排放标准》等，以确保我国港口的油污水接收处理设施得到相应的发展和完善。

　　我国港口建设在20世纪80年代已取得了很大的发展。近几年来，我国各油港相继建造了一些大型的含油污水处理站，如秦皇岛港、青岛港、大连新港、大连寺儿沟及天津新港等均建有含油污水处理站。同时，我国有些港口相继改建和新建了一些含油污水处理船，例如，上海、天津、广州、武汉、南京、哈尔滨等港口都有油污水处理船。目前，我国港口含油污水接收处理能力已超过10万吨/日，每年实际处理含油污水水量为上千万吨，回收污油10万吨左右，为国家创收上千万元。

　　我们可以从近年来对我国主要港口新建的几座油污水处理站的工艺流

程的分析来进一步了解油污水处理技术的各种组合以及发展趋势。

一、宁波港船舶油污水处理站

宁波港现为浙江省最大的港口，1992年宁波为改善原有油污水处理设施不能满足环境保护的需要，利用世界银行贷款，新建了一座油污水处理站，集中处理船舶机舱油污水和油船压舱水。

该系统全部由设备组合而成，主要工艺流程为静置后的油污水通过由三台螺杆泵组成输液泵组首先进入粗分离器，大块浮油在粗分离器内得到分离，接着进入重力分离器继续处理。一般情况下通过这两个阶段的处理，基本可以使处理水达到排放要求。如果水质复杂，排出水的含油量高于10mg/L，则该系统通过控制系统进行阀门切换，使这部分污水进入聚结分离器进行深度处理，排出水含油量仍由在线的油分浓度检测仪检测。若含油量低于10mg/L的污水则被排放，若高于10mg/L（这种情况的出现一般由装置故障造成）时则报警。同时，控制系统自动停止污水排放，并做循环处理。

该系统由两套DYF50油污水分离装置组成，全部为碳钢结构设备，占地面积小，投资省，见效快。

二、广州新造油污水处理站

原广州海运局为适应32艘油船（载质量约为102万吨）运输生产的需要，于1993年开始筹建设备处理能力为300m³/h的油污水处理站，该工程总投资额为2 500万元。

该油污水处理系统是碳钢设备与混凝土结构的池子相结合，处理工艺大致与宁波港相同，该系统由两台150m³/h的粗分离器、两台沉淀分离池和四台100m³/h的精分离器组成。另外，该工程现场制作了三个2 500m³油污水储罐，两个200m³污油罐。

三、秦皇岛港务局污水处理站

秦皇岛港务局第一公司是我国最大的原油输出港口之一，由于港口发展，原有的污水处理站的处理能力和处理排放水质远远不能满足港口生产作业的要求，因此，秦皇岛港务局投资 1 600 万元，于 1994 年建成新油污水处理站。该处理站的最大接收容量为 10 000m³，处理流量为 400m³/h。

该油污水处理系统除了深度处理的聚结分离器为碳钢设备外，其他处理单元均为混凝土结构池，且在隔油池和分离池上部分别配有由 PLC 控制的刮板机。隔油池的自动刮板机为正行刮油、逆行刮泥，分离池的自动刮板机能跨越隔板。

四、天津港南疆油污水处理中心

天津港南疆油污水处理中心工程是利用世界银行信贷和全球环保基金组织赠款，总投资额约为 3 000 万元建造的，接收处理在天津港的国内外船舶油污水和生活污水，处理油污水能力为 200m³/h。

该系统的深度处理系统采用美国 Filter 气浮箱，其主体分四格、全自动操作，附有液位控制、招渣、流量调节，加药、回流等装置，污水在气浮箱内处理后达标排放，加药情况，视污水水质而定。

五、上海船舶污水处理厂

上海船舶污水处理厂是利用原上海海运局全球环保基金组织赠款、世界银行贷款和国内资金建造的，总投资额达 1.9 亿元，接收处理在上海港的国内外船舶油污水和化学品污水，年处理油污水 40 万吨，化学品污水 10 万吨，是目前国内乃至远东地区最先进的船舶污水处理厂。

该厂油污水处理的工艺流程与上面几座的不同之处在于，油污水中段处理采用了美国 KROBS 公司的旋流式油水分离装置。另外该处理系统的控制系统采用了"微机＋可编程控制器（PLC）＋现场控制柜（箱）"方式，具有全自动逻辑控制功能、在线工艺状态显示及参数记录功能、运行故障诊断记录功能，以及生产报表显示记录功能。控制方式采用现场手控、微机逻辑控制、自动控制三种方式。

第二节 油船压舱水和洗舱水

船舶油污水包括油船压舱水和洗舱水。在研究或选择船舶油污水净化技术时，必须了解船舶油污水的水质水量，因为水质和排放标准决定着处理方法、工艺流程和技术设施的选择，而水量和船舶排水能力决定着处理设施的规模、接收能力和处理能力等。所以了解了水质水量，才能研究和采用适当的方法和技术，选择相应的工艺流程，以便经济、合理地处理船舶油污水。

一、油船压舱水

(一) 压舱水量

油船卸完原油后，为确保安全航行，需压载一定量的水。压载的水量与油船的构造、船型、大小、航线及天气等情况有关。根据我国青岛、大连和秦皇岛三港油区污水处理站运转的调查，油船最大压载量占载质量的40%左右，(个别占50%)，而多数占30%左右，最小压载量仅占其载质量的3%~5%（油船有的航次不向岸上排压舱水）。

在一般气象条件下，压舱水量占载质量的20%左右，在恶劣气象条件下，占载质量的40%左右，特殊情况下甚至达载质量的50%~60%。但随着油船双层壳体国际规则的执行及"装于上部法"，其含油污水量则大大减少，故今后压载水量有减少的趋势。

(二) 压舱水的排放量

油船压舱水的排放量是污水处理站在设计和使用时必须考虑的一个重要参数。排水量的大小取决于油船的货油泵台数及其排量。根据我国油船和外国油船的统计，一般2万吨级油船货油泵排量为500~800m³/h，5万~10万吨级油船排量为1 000~2 000m³/h，最大货油泵排量达3 000m³/h。目前我国所拥有的1.5万~2.0万吨级油船一般设有2~4台货油泵，每台排量为350~700m³/h。压舱水排放时，根据当时的情况用一台或两台货油泵作业。

(三) 压舱水的性质

压舱水的油污水与洗舱水、舱底水以及炼油厂的油污水相比，乳化程度低，而且油的品种单纯，不如舱底水的含油量高。另外，油舱货油泵多采用蒸汽往复泵，该泵与齿轮泵或离心泵相比，不易使油水乳化。压舱水含油量虽然高达 3 000mg/L，但绝大多数是上浮油和分散油，乳化油含量很小，故较容易处理。

(四) 压舱水的含泥量

油船压舱水的含泥量也是污水处理场设计中的一个主要参数，它关系到除油、除泥方法，设备以及处理设施规模等。泥沙来自泵入油船的压舱水，该水有海水和淡水 (江河水)，水中含泥量随水系 (长江水系和黄河水系) 的不同，差异很大。含泥量也与季节有关，洪水季节含泥量多，枯水季节则少。海水含泥量也随海区而异，黄海含泥量稍多一些，其他海区则极微。

通过对油船压舱水的含泥量进行测定，含泥量都在千分之一以下。由于各船压舱水的种类不同，海水、淡水因取样时间不同，也会影响含泥量的测量结果。经观察，压舱水中含的泥在水中是悬浮状态，经过相当长的时间才能下沉，而且往往和污油掺混在一起，呈黑色。通过测定污水处理站实际沉淀的污泥量，结果表明，平均含泥量为 0.01% ~ 0.02%，即 100 ~ 200mg/L。

(五) 压舱水的静置分离曲线

考虑到压舱水水量不均衡的特点，一般在污水处理工艺流程的首部，国外通常采用缓冲罐，该罐为钢结构；国内为贮存池或调节池，采用砖石结构或钢筋混凝土结构。缓冲罐与贮存池相比，前者平面面积小，高度小，建造快，管理方便，一般设置两个，交替使用，有利于检油和排泥；后者平面面积大，高度小，成本低，检油和排泥较难，但容量大。缓冲罐与贮存池既起贮存的作用，又起静置粗分离作用，延长静置时间，有助于提高处理效果。

二、油舱洗舱水

洗舱水是由以下两种情况产生的：①当船舶进厂修理前，必须将舱内的残存油冲洗干净，才能进行修理；②当油船更换运油品种时，必须清洗货油舱，才能保证运油质量。洗舱水的水量与洗舱方法、洗舱机规格、洗舱机使用台数有关。

洗舱水的用量：①根据有关资料，挂于舱壁及底板上的油量为载质量的4%，以万吨油船为例，当洗舱水量为4 000吨时，含油量为2%左右，即2 000mg/L；②根据我国的"船舶含油污水处理"资料介绍，未经处理的洗舱水排至岸上时，其含油量为1%~3%；③根据上海海运局油船洗舱水处理船提供的资料，其含油量为2.1%~7.1%，平均值为4.6%；④根据调查了解到油船（载质量为9.2吨）洗一次舱，用海水1.5万~2万吨，洗出污油250余吨，清除污泥300余吨，其含油量为1.25%。可见洗舱水的含油量是较高的。

对于洗舱水的水量，经统计，一般2万吨级油舱，洗舱水每次约4 000吨，占载质量的20%左右；5万~10万吨级油船洗舱水量占其载质量的10%~15%。洗舱水中的成分主要是油、泥和铁锈，还有微量的酚等。洗舱水的含油量一般为30 000mg/L左右。

洗舱水有海水和淡水，水中油分的乳化程度比压舱水高，因为洗舱时需用蒸汽闷舱，然后用80℃的高压热水冲洗，有的还使用洗涤剂，使油水充分混合，故乳化程度较高。

对洗舱船上的洗舱水进行观测：将洗舱水排入处理船上的一个深10m、容积为2 000m³的舱内，分别静置分离1h、4h和8h，取样化验，结果显示，含油量为30 000mg/L的洗舱水，经1h静置分离，可降到150mg/L以下，平均为84.5mg/L；经4h静置分离，可降到100mg/L以下，平均为36.8mg/L；经8h静置分离，可降到60mg/L以下，平均为23.1mg/L，它与压舱水相比，乳化程度较高。

洗舱水的污泥量大，主要是因为洗舱时与舱壁上的铁锈和污泥粘在一起，这些污泥相对密度较大，经静置很快会沉淀，洗完舱后作为泥渣被排出。

第三节　港口含油污水处理技术与设备

迄今为止，人们对港口含油污水的处理已有一套较完善的方法，含油废水处理的难易程度取决于油在水中的存在形式。这里主要介绍以下几种含油废水的处理技术。

一、港口含油污水处理技术

(一) 重力分离技术

重力分离是利用油和水的相对密度差及油和水的不相容性进行分离的。油粒在流体中运动，即进行重力分离时，受重力、浮力及阻力的影响，为研究方便，可认为不受外力扰动和粒子间在互不干扰的理想状态下进行。

(二) 聚结分离技术

聚结分离是一种精细的分离方法，特别是用在油污水的深度处理上是很有价值的。这一方法最初是被人们用来从油中除去微量的水，20世纪70年代以后大量地被应用在水中除油。油珠聚结的过程目前较为一致的看法是油珠在聚结材料表面被截留、成长、剥离而使微油滴转变成粗大油珠，迅速上浮而被除去。聚结分离技术的特点是除油温度高，一般情况下能将油污水中 5～10μm 的油珠全部除去，甚至更小的油珠也能除去，效果好，设备紧凑。故占地面积小，一次投资低，便于分散处理且运行费用低，不产生任何废渣，不产生二次污染。

1. 影响聚结作用的因素

(1) 聚结材料的基本特性

①亲油疏水性好。材料已被油所润湿，而不会被水润湿，可以滞留一定的油量，而转变成大油珠，但过强的亲油性在水流冲击下易生成油包水，所以在外层最好用亲水材料封套，防止产生油包水或使用恰当的亲油材料。

②耐油性好，材料不能被油溶胀或浮解。

③不产生板结，防止阻力的增加。

④比表面积大，以提高有效表面积。

⑤有一定的机械强度。

（2）聚结床层的特性

①聚结材料应有一定的填充密度。从理论上讲，虽然极细微的油珠也能用聚结方法除去，如果以极细微的油珠为目标设计元件，则密度很高，空隙率很低、相对而言阻力很大，容易被固体悬浮物堵塞，使用寿命短。考虑到这些因素，应根据油污水的水质情况来确定，一般能除去 5μm 左右的油珠即可，没有必要做到一点油也不放过，填充密度一般控制在 $0.05 \sim 0.15 \mathrm{g/cm}^3$。

②通过速度的影响。通过速度一般是 0.1 ~ 10cm/s，过小则不利于处理，过大则聚结过程不易完成，使出水质量受到影响。

③油污水中表面活性剂的影响，使油珠在油污水中稳定性提高。

④其他方面的影响。如纤维的纤度较大，处理效果也较差；在流向问题上，平行流向比垂直流向在确保相同流量的条件下，压降要低而且出水状态也要好。此外，原水的含油量、硫化物的含量、pH、温度及床层厚度等均对聚结作用有一定的影响。

2. 聚结作用理论

聚结除油的机理目前尚处在探讨阶段，还未形成统一的理论。总的来说，有两种观点，即"润湿聚结"和"碰撞聚结"。

"润湿聚结"理论是建立在亲油性粗粒化材料基础上的，当今油废水流经由亲油性材料组成的粗粒化床时，分散油珠便在材料表面润湿附着，这样材料表面几乎全被油珠包住，再流经的油珠更容易润湿附着在上面，因而附着的油珠不断聚结扩大并形成油膜。由于浮力和水流的冲击作用，油膜开始脱落，于是材料表面得到一定程度的更新。脱落的油膜到水中仍形成油珠，该油珠粒径比聚结前的油珠粒径更大，从而达到粗粒化的目的。

"碰撞聚结"理论是建立在疏油性材料基础上的，无论是由粒状的还是由纤维状的粗粒化材料组成的粗粒化床，其空隙均构成互相连通的通道，像无数根直径很小且弯曲交错的微管。当含油废水流经该床时,由于粗粒化材料是疏油性的,两个或多个油珠有可能同时与管壁碰撞或者互相碰撞,其冲量足可以使它们合并成为一个较大的油珠,从而达到粗粒化的目的。

当然,无论是亲油的还是疏油的材料,两种聚结都是同时存在的,只是前者以"润湿聚结"为主,也有"碰撞聚结",原因是废水流经粗粒化床时,油珠之间也有碰撞;后者以"碰撞聚结"为主,也有"润湿聚结",原因是当疏油性材料表面沉积油珠时,该材料便有亲油性,自然有"润湿聚结"现象。因此,无论是亲油性材料还是疏油性材料,只要油珠径合适,都会有比较好的粗粒化效果。

(三) 气浮技术

1. 气浮原理

气浮就是通过产生气泡将污水中的细微油粒吸附上浮,从而达到油水分离的目的。气浮有时还同时加入凝聚剂,借以提高气浮的效果;对于含油污水,一般无须投加凝聚剂,因为细微油粒本身就有粘到气泡上的趋势,所以近年来国内外开始利用气浮法来处理气浮污水。

气浮原理可以从表面张力现象来说明。由于液体表面分子所受的分子引力和液体内部分子所受的分子引力是不同的,因此,表面分子受到不均衡的力。这种不均衡力把表面分子拉向液体内部,并力图缩小液体表面积,这种力就是液体表面张力。

当液体质量很小时,由于表面张力作用力求成为球形,使表面积最小,如欲增大液体的表面积,就需做功,以克服分子间的吸引力,才能使分子由内部转移到表面。因此,液体表层分子比内部分子具有多余的能量,即表面能,可用下式表示:

$$W = F \times S$$

式中,W——表面能;F——表面张力;S——表面积。

2. 气浮的种类

气浮按产生气泡的方式可分为:溶气法和散气法。溶气法主要采用加压气浮，散气法主要有叶轮气浮、布气气浮等。

（1）加压气浮

加压气浮就是在加压的情况下，使空气溶解于水中达到饱和状态，再将污水减压至常压状态。这时空气在水中的溶解度减小，溶解于水中的空气以细小气泡形式和较高的上浮速度释放出来，气浮在上浮的过程中吸附微小油粒，将其带到水面，从而使油水得到分离。

（2）叶轮气浮

叶轮气浮是靠叶轮高速旋转时，在固定的盖板下形成负压，从空气管中吸入空气，空气进入污水中与循环水流被叶轮充分搅拌，形成细小的气泡甩出导向叶片处，经过整流板稳流后，气泡垂直上升，进行气浮。形成的泡沫由不断地缓慢旋转的刮板刮出槽外。

叶轮气浮由于动力消耗大，构造较复杂，一般较少采用。

（3）布气气浮

布气气浮是直接将压缩空气通入气浮池底的布气装置里，通过布气装置使空气形成细小的气泡，进入污水中，进行气浮。

布气装置的种类较多，而且正在不断研究新的布气装置。目前采用的布气装置主要有微孔陶瓷板（管）、微孔塑料管等。它们比以前用的穿孔管、帆布管等，形成的气泡小而且均匀。但它比加压气浮产生的气泡略大，气泡直径通常从数百微米到数千微米。

二、油污水处理设备

（一）隔油池

1. 平板型漂浮隔油池（API 型）

平板型漂浮隔油池构造较简单，含油污水经过整流，缓慢流过分离槽使油滴上浮并由刮板机将浮油集中至排油管后排出，处理过的废水由排水管排出。经过处理后的废水油量可降到平均 16mg/L 左右，一般作为要求不高的油污水一级处理装置。

2. 多层平行板隔油池（PPI 型）

PPI 型多层平行板隔油池是 API 式隔油池的改进型，其特点是在池里插入平行板以加速油水的分离。平行板的间距为 100mm 左右，它们由池子上面的罩子支撑。这种型式的隔油池能使被处理污水的含油量降到 10mg/L，占地面积较 API 型减少 1/4。

3. 倾斜波纹板隔油池（CPI 型、MWS 型）

所谓倾斜波纹板隔油池（CPI 型），是在 PPI 型基础上的改进，其处理效果更为良好。

倾斜波纹板（有时也做成斜管）隔油池与一般沉淀池相比有以下优点：①充分利用了层流特性，水流在板间或管内流动，具有较大的湿周和较小的水力半径，雷诺数较小，对沉淀极为有利；②极大地增加了沉淀面积，提高了沉淀效率；③除了方形管外，在油粒上浮过程中，各断面上自中点计算上浮距离减小，同样，缩短了颗粒沉降的距离，使沉淀时间大为缩短。油泥沉积于波谷，利于下滑排走，这就使斜板分离装置的处理能力提高了 3 ~ 7 倍。斜管式隔油池比一般沉淀池高，因而其投资省、效率高、占地面积小，是一种高效的分离装置。

在倾斜波纹板中，含油污水经栅网引入进水室，将泥渣沉降后，经挡槽板流入平行波纹板组间，油滴在板间分离出来沿着板面上浮，进入撇油器内，再由撇油器送入贮油槽，泥渣则沿平行板向下流集，处理后的废水通过可调节的溢流堰由出水管排出，泥渣可通过抽吸软管排除。油层下的油水乳液可定期地关闭出水溢流堰，使水位增高，流入撇油管中，隔油槽和捕油坑均设有聚胺酯泡沫材料浮盖，以减少油的蒸发和散发油的气味。CPI 型隔油池可使出水的油分浓度在 10mg/L 以下。

此外，还有一种 MWS 型多层波纹板油水分离装置，它和 CPI 型相类似，不同的是波纹板相互配置时，将相邻两波峰与波谷上下相对应，而不像 CPI 型那样将波峰与波峰上下相对应，这样就使油滴聚结方式有了不同。MWS 型波纹板将处理水池分隔成许多相同的管状小水池，而 CPI 型则分隔成带状小水池，因此，油粒上浮平均距离缩短，水流稳定，易保持层流状态且可自身支撑不需要支柱，板间距可小些，这样对油聚结成大粒径油滴上浮分离有利，而且体积较小。

MWS 型的分离效果可使出水的油分浓度在 10mg/L 以下，甚至更低。

（二）油水分离器

污水处理站所用油水分离器与船用油水分离器相比，其原理大多采用重力分离法和聚结分离法，其装置一般为大型筒体式，结构较简单，价格低廉。例如，在重力式分离装置中，含油污水由筒体的上部进入，由于油水相对密度差，大油滴上浮与水分离。这种装置的下部常设有粗粒化平行板或波纹板等，当含油污水通过这些平行板时，细小油滴被吸附、碰撞形成大油滴，上浮与水分离。

而精分离器常采用聚结分离装置，它是通过聚结元件来完成油水分离的。当含油污水通过聚结元件时，细小油滴被聚结成大油滴，上浮与水分离。它能分离更小的油滴，排出水的含油量为 5mg/L 以下。

采用聚结分离方法的精分离器结构较简单，其顶部设有集油腔，中部为粗粒化材料，下部为进水腔。当含油污水通过聚结元件时，细小油滴聚结成大油滴，上浮筒体顶部，待油层达到一定厚度时，通过油水界面计发出信号，自动打开排油阀，进行排油。另外，该精分离器还有自动清洗功能，当需要清洗时，控制器就发出指令，执行器件即自动操作。清洗程序为：排油—排污—进热水（或清水、蒸汽）—进压缩空气—静止—排污—停止—工作。经自动清洗后的粒子床层的粗粒子化性能又恢复如初。

（三）气浮设备

气浮设备有许多种，这里主要介绍加压气浮。加压气浮的工艺形式有全部污水加压气浮、部分污水加压气浮和处理后污水部分回流加压气浮。

气浮设备的选择可根据污水性质、水量和处理设施等因素考虑。全部污水加压气浮与处理后污水回流加压气浮相比，所需浮选池容积小，但加压泵与溶气罐容积大。部分污水加压气浮所需溶气罐和加压泵容积小，但效果差。处理后污水回流加压气浮的回流水量一般为处理水量的 25%~50%，所需气浮池的容积大，但加压泵和溶气罐的容积可小些。因加压污水为处理后污水，溶气效果好。特别是处理后的水含油量比进水的小，与其他两种形式比较，可大大地减小因加压泵使油污水进一步乳化，以免增加处理难度，这对于含油量较高的船舶含油污水来讲尤为重要。

加压气源的加压方式有两种：泵前加气和泵后加气。

泵前加气一般在出水管上回流一根支管至吸水管上，在支管上安装一个水射器，借助水射器将空气吸入进行混合，在水泵叶轮的搅拌下，使空气泡粉碎，从而达到较高的溶气效率。这种方式不需要供给压缩空气，但为了水泵工作稳定，水泵必须在正压下工作，否则容易产生气蚀现象，还可能抽不出水。

泵后加气就是用空气压缩机将压缩空气直接压入出水管中，空气压缩机的压力宜比泵压力大，这种方式的优点是水泵运行稳定，且不需在正压下工作，但溶气罐的容积较大，且需空气压缩机供给压缩空气，溶气效率低一点。

1. 溶气罐

溶气罐分为静态型和动态型两类，静态型又分为一般式、纵隔板式、横隔板式和花板式，动态型分为填充式及涡轮式等。

静态型溶气罐的结构简单，但溶气效率仅为60%左右，一般用在泵前加气；动态型溶气效率较好，约为85%，但结构较复杂，一般用在泵后加气，填充式溶气罐应控制液面在填料层以下，填料通常用瓷环。

2. 气浮池

气浮池有平流式和竖流式两种，平流式气浮池污水的停留时间为30～60min，水平流速为3～15mm/s，工作水深为1.5～2.5m，水深与宽度之比不小于0.3，池长与宽度之比不小于3。竖流式气浮池一般为圆形，高度可取4～5m，直径一般在10m以内。

通常用的气浮池为平流式矩形，其优点为可以多间合并，构筑物占地面积小，便于集中操作管理。矩形池又可分为集中出水和分散出水两种形式。

(四) 过滤装置

砂过滤池是深度处理悬浮物的一种设备，可使油污水含油量由

10～20mg/L 降到 5mg/L 以下。砂过滤池的过滤层多为砂、鹅卵石交错排列，可进行压力过滤，即油污水在可承受一定压力的容器内，进行水中油的过滤。压力过滤常用石英砂和砾石作滤料，其特点是经久耐用，处理效果好。为减少占地面积，压力过滤罐多用钢板焊接成立式圆柱。

压力过滤罐上层滤料为石英砂，下层为砾石。对石英砂的要求是：有效直径为 0.5～0.6mm，不均匀系数 K≤2。各种直径滤料百分比为：直径 0.25～0.5mm 的占 10%～15%；直径为 0.8～1.2mm 的占 15%～20%；直径为 0.5～0.8mm 的占 70%～75%。设计过滤流速为 16mm/s。砂石表面在装填前要冲洗干净，正常运转 24～48h 后，要用 70～80℃热水进行反冲洗，把黏附在滤料上的污油冲洗掉，从而恢复滤料的活性。

在船舶油污水处理工艺中，也有采用稻草编织物与焦炭相配合的吸附过滤池作为末级处理，稻草编织物在上层，焦炭在下层。稻草编织物除起吸附过滤作用外，还起均匀布水作用。这种过滤方式的特点是结构简单、成本低、过滤效果好；缺点是不能反冲洗，稻草易腐烂，一般用两三个月需更换一次。

(五) 脱水装置

因从除油罐或油水分离器回收的污油含水量较大，不能直接作燃料或用于炼制，用脱水罐进行驻水处理，即利用加热沉淀方法，使水中的油破乳脱水。对于不同油质需加温的温度和沉淀时间不同，轻质油加温温度相对要低，沉淀时间相对短些，但对含蜡量大的原油，需加温到 45～60℃，并保温 48h。

第四节　港口油污染的防治措施

一、定期维修

日常的跑、冒、滴、漏、渗一般是在装卸油的管线、阀门、接口等处产生的，这与设备的保养不良、人员的操作不规范有关，漏出的油数量不

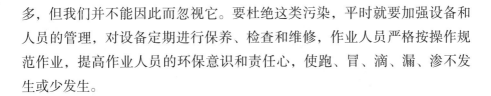

多，但我们并不能因此而忽视它。要杜绝这类污染，平时就要加强设备和人员的管理，对设备定期进行保养、检查和维修，作业人员严格按操作规范作业，提高作业人员的环保意识和责任心，使跑、冒、滴、漏、渗不发生或少发生。

二、加强管理

油船产生的压载水、洗舱水、机舱水都含有大量石油，其浓度为10 000～50 000mg/L，另外还含有铁锈、泥沙和微量酚，如直接排放可以对水域造成严重的油污染，因此，对这类含油污水的排放必须加强管理。一方面可以从提高港口防污能力方面进行，如港口在岸上设置港区污水处理站，将油船产生的含油污水接收后送到污水处理站集中处理；配置专用的船舶污染接收处理船，将接收的含油污水直接在船上进行处理。另一方面可改善油船自身的防污设施，如安装油水分离器、排油监控装置等，也可采用"装于上部"法（将油船上的油污水集中到两个舱内，经过一段时间静置，下部污水的含油量基本达到排放标准，可排到距岸边12海里以外的水域）和"原油洗舱"法（用运载原油作冲洗液，向卸完油的船舱壁、底喷射，使附着的油和油渣重新溶解在原油中，随货油一块卸除）使油船产生的油污水达标排放。现在有些新造的油船建造了专用的压载水枪，这可免去压载水的处理，但这种船的造价较高。

三、油气处理

油气是液体石油挥发的多种有机气体的混合物，主要成分是烷烃、环烷烃、芳香烃，及少量有机硫、氧、氮的复杂混合物，它们会污染大气，危及人类和动植物的生存。对油气的防治目前主要采用改进装卸工艺，如降低敞开作业的敞开程度，最好是能采用密封装卸方式，再配合使用蒸汽排放控制系统，即用软管将油船舱内的通风管接入岸上的蒸汽处理器，使油气不直接排放到大气中而是经过处理后再排放。蒸汽处理器的处理方法有很多种，如内浮顶式储缸、分子筛、活性炭吸附吸收、蒸汽焚化等方法，可根据装卸货种的不同选择一种或多种方法。

四、预防溢油事故的发生

为了预防船舶在港口发生溢油事故，对泊港作业船舶及时铺设围油栏，使船舶处于一个预防保护圈内，平时港口和船舶都要制定一份"溢油应急计划书"，不断充实港口的溢油防治设施和加强溢油防治队伍的建设，做好各种预防措施，一旦有溢油事故发生，便可迅速进行处理。一般来说，处理已发生的溢油事故首先要阻止油源继续泄漏，可将油船破损处堵死，把船舱内剩余石油快速转移到其他安全地方，同时要用围油栏、疏油凝聚剂把已溢出的油尽快围栏起来，以防溢油进一步扩散，然后要对溢油进行回收和处理，其方法有人工回收法、机械回收法、油分散剂处理法、使用吸油材料回收法等，并根据溢油的油种、水文、气象、港区码头地理位置等条件选择一种或多种方法。目前国际上对溢油事故处理的研究比较深入，我国近年来在这方面的研究也逐步成熟，并积累了许多丰富的实践经验，应付大型溢油事故的能力不断提高。

通过以上分析可以看出，油码头产生油污染的形式是多样的，对环境产生的危害是很大的，我们平时必须对港口和船舶加强管理，减少油污染的产生，对泊港作业船舶铺设围油栏，做好溢油应急工作，把油码头潜在的油污染风险降到最低。

第五节 港口煤（矿石）污染处理

一、煤（矿石）污水的来源及危害

我国许多港口都有煤、矿中转生产线。煤炭和矿石在其输送和转运作业环节、在散料的装卸和储存堆放过程中易产生粉尘污染，这些弥散的粉尘90%以上是10~200μm的可降无机粉尘，其颗粒具有一定的悬浮性、致病性、吸附性、载体性、带电性和爆炸性。粒径越小的煤、矿石粉尘在空中悬浮的时间就越长，对环境的危害极大。其中，煤尘是煤肺病形成的主要原因，特别是小于5μm的粉尘，极易深入肺部引起各种尘肺。据经验估算，即使煤尘产生量约为运量的 1‰ 时，到 2000 年仅港口中转作业各环节每年散发的煤尘在 1.5 万吨以上。如此大量的粉尘扩散污染早已引起我国政府与地方港口的高度重视，并采取有效的措施予以控制和解决。

目前国内常见的湿法防（除）尘有定点自动喷雾洒水、流动喷洒水、煤车注水、喷洒抑尘剂等，其中定点自动喷雾洒水是既简单又经济的一种高效防尘方法，对煤炭、矿石（铁矿、磷矿、硫精矿等）易起尘的物料在运输、装卸作业和堆放过程中都使用该方法，是目前乃至今后相当长的时期内，我国港口煤炭、矿石中转作业防尘处理的主要技术手段。但是采用定点自动喷雾洒水法在对堆场、堆场道路、坑道、翻车机、螺旋卸车机、堆取料机、装船机、皮带机及抓斗等装卸作业点和装卸设备除尘过程中会产生大量含有粉尘的污水。以煤堆场的皮带机冲洗水为例，根据装卸工艺的要求，皮带机转接点的冲洗喷头随着皮带机的开启而动作，随皮带机的停止而关闭，每个喷头的流量以及每个转接点所设的喷头数与皮带机的宽度有关。据装卸工艺专业提出的要求供水量：两个 200m 长的煤泊位、矿石泊位的冲洗水量分别为 230m³/h 和 70m³/h，可见其冲洗产生的污水量是相当可观的。另外，由于天降大雨或暴雨冲刷料堆及堆场道路等，形成表面径流而汇集起来产生雨污水。料堆降雨流态既存在垂直渗透，也存在表面径流，但以表面径流为主，径流使料堆边坡出现无数冲沟，冲沟多发生在料堆粒径较小的部位，这种雨污水水量大小及浓度的高低取决于降雨强度、降雨历时、径流量、堆料种类、颗粒的大小、堆场面积等诸因素，因而情况比较复杂，一般初期的雨污水量可根据港口的规模和等级，选取重现期为 1~5 年的日降雨量计算。所有这些在生产、冲洗、降雨中产生的大量含矿粉（或煤粉）的污水中所含的悬浮物主要是矿粉（或煤粉）和泥砂。

由于堆场面积较大，又有数百米长的排水沟，进入沟内的煤污水中大量的粗颗粒下沉及被截留，引起明沟堵塞，给环境带来污染。那些细小的不易沉淀的颗粒仍残留在水中，这些水排入水体后的主要危害如下：

①污染水质，提高了水的浊度，改变了水的颜色。

②水体中的悬浮物沉积后，淤塞河道，影响航行。

③危害水中生物的繁殖和生长，影响渔业生产，如固体悬浮物能堵塞鱼鳃，使鱼类窒息而死；固体悬浮物沉积在河床、海底，大量消耗水中

的氧，造成鱼类因缺氧而死亡。据有关资料报道，河水中固体悬浮物大于90mg/L时，鱼的生存率很低，同时水中的贝类、藻类生物的生长也会受影响。

④用含量较高的固体悬浮物废水灌溉农田时，会堵塞土壤孔隙，影响土质，不利于农作物的生长。

因此，此类污水必须经净化处理后才能排放或被回用。

二、煤（矿石）污水的处理

（一）煤（矿石）污水处理的原理及工艺流程

由于煤（矿石）污水的主要处理指标是污水中的悬浮物，而污水中所含的悬浮物主要是矿粉（煤粉）和泥砂，所以我们可以利用其密度与水的差异性，使密度大的颗粒静沉下来以达到清理的目的。为了提高处理效率可以适当添加高效絮凝剂，利用其吸附和架桥作用，使粒径较小的悬浮颗粒凝聚成较大颗粒，逐渐形成絮团，在重力作用下迅速沉降，从而去除水中绝大部分悬浮物。处理后的上清水可以重复用于矿石和煤堆的除尘，也可以用于码头和皮带机的冲洗。分离下来的矿粉或煤粉仍可作燃料或工业的原材料。

（二）煤（矿石）污水处理工艺的特点

搅拌反应池（器）为圆形结构，有涡轮杆搅拌系统；反应室被若干隔板分成几个小间，每个小间有若干块Ｖ形穿孔板，根据所需流速决定其开孔的尺寸。对于搅拌速度，在加入化学试剂后，如搅拌速度过快，会使已形成的不稳定的聚结物重新分散，结果使形成的晶核很小，粒子较分散，污物无法形成结晶状沉淀；如果搅拌速度太慢，化学试剂扩散速度慢，而且凝聚剂与污物不能充分密切地结合，絮凝效果受到影响。实验表明，搅拌速度先快后慢，水流竖向上下流经各反应小间，使流速逐渐下降，就能得到满意的效果。

化学试剂的投加大大提高了煤（矿）污水的处理效率，缩小了污水处理池的容积。有的带正电荷的凝聚剂金属离子因静电引力和化学作用力与带负电荷的有机物胶体粒子接触，一方面使粒子的电荷减少而脱稳，另一方面这些金属离子可能同有机物所带的官能团反应生成不溶性的配合物；有的化学物质通过排斥力、双电层的相互作用、布朗运动等使污物沉淀；有的高聚物凝聚剂具备粒子间的吸附、架桥作用，当它们联合使用时，其凝聚机理是电中和脱稳作用。沉淀作用和粒子间吸附、架桥作用三者叠加，使试剂量大大减少，而处理作用却大大提高。另外，由于污水临界凝聚浓度和临界稳定浓度都与 pH 有关，所以 pH 的变化会影响聚凝曲线的形状，所以在投加化学试剂处理煤（矿）污水时，必须对污水的 pH 进行适当控制。通过有关实验结果可知，此类污水的 pH 控制在 5 ~ 10.5，都能得到满意的效果。

煤或矿石堆场的污水大而不均，因而在污水处理中一般设有调节池，若调节池的容积大一些，污水处理设施的能力可以小一些，但应通过比较确定。

污泥的处理是煤污水或矿石污水处理系统的一个重要组成部分，分离出来的煤粉或矿石粉仍可作生活或工业的原材料。

煤或矿石污水量主要由初期雨水量确定，而初期雨水量又与选定的降雨强度有很大关系，它直接影响工程的造价和使用要求，因此日降雨强度应慎重研究确定。另外，污水的收集方式也是污水处理工程的关键问题，其集水方式有数种，特点是既能收集地表径流，又不影响场内外的正常作业。煤或矿石堆物场一般应选择明沟、渗沟或盲沟等作为收集污水的方式，其中随着港口、码头自动化、机械化程度的提高，随着码头管理水平的不断提高，使用明沟将是一种经济有效、简便可行的集水方式。

三、煤（矿）污水处理实例

（一）黄埔港西基煤码头污水处理系统概况

广州黄埔港西基煤装卸专业码头的配套工程于 1986 年 8 月中旬动工，1987 年 2 月底竣工。该工程由收集煤污水的沟渠和煤污水处理两部分组成。污水沟渠设于生产区堆场周围和道路旁边，总长为 2 237m，收集雨水冲刷煤堆形成的煤污水和清洗皮带机、地坪所形成的煤污水，汇集到煤污水处理站进行净化处理。煤污水处理系统位于煤码头西北角，该系统采用同向流斜板煤水分离器，并通过投加混凝剂，使煤泥从污水中分离出来，分离后下层煤泥水入贮泥池，定期清理晒干自用，上层清水进入循环池，回供码头及堆场洒水用。本系统主要构筑物包括污水明沟、调节池一座，污水泵房、煤水分离器一套(两台)，储泥池两座，循环水池一座，高压循环水管道及污水处理系统配套的给排水管道、雨水井、检查井等。

(二) 黄埔港西基煤码头污水处理的原理

聚丙烯酸胺是一种高效絮凝剂，本工程采用的是一种阴离子型絮凝剂(相对分子质量为600万~900万)，当这种药物进入煤水分离器和同向流斜板沉淀室后与水中的悬浮物进行絮凝反应，一段时间后，粒径较小的悬浮物凝集成较大颗粒，在重力作用下迅速沉降于底部，从而去除水中大部分悬浮物，沉降的多少取决于反应时间的长短和投药量的多少。

(三) 黄埔港西基煤码头污水处理的设计依据

1. 设计暴雨量

据广州市1914—1972年的雨量统计，日最大降雨量均值为133mm，其中1951—1976年的日最大的降雨量大于150mm的情况共出现5次。本设计采用日降雨量为150mm，相当于五年一遇。

2. 设计标准

国家《工业"三废"排放试行标准》规定悬浮物排放浓度为300mg/L，pH为6~9。鉴于我国有关排放标准，根据广州市环保科研所建议，暂定悬浮物排放标准为300mg/L，pH为6.5~9.0。

3. 处理能力

本设计适用于由暴雨产生的煤雨污水及冲洗皮带机形成的煤污水净化处理，整套设备处理能力为150m³/h，单机处理能力为75m³/h。

第四章
港口含油污水处理技术的应用

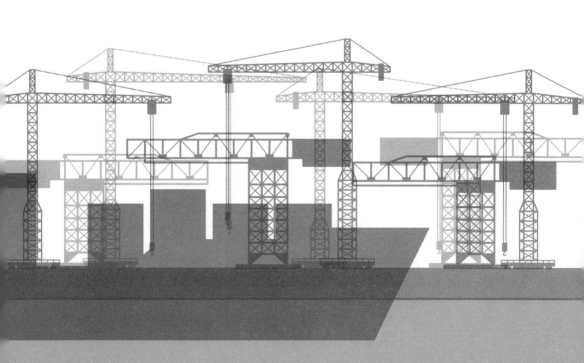

第一节　水体油污染治理技术和方法

一、油类在水体中的存在状态及其治理方法分类

(一) 油类在水体中的存在状态

含油污水来源不同，水体中油污染物的成分和存在状态也不同。油在水体中的存在形式大致有 5 种。

1. 悬浮油

进入水体的油分大部分以浮油形式存在，油珠颗粒较大，粒径一般大于 15μm，连续相的油膜因漂浮于水面而能被撇除，主要采用隔油池去除。此外，还可以采用分离法、吸附法、分散或凝聚法等去除漂于水面的油膜。在炼油厂废水中悬浮含油量占总含油量的 60% ~ 80%，浮油粒径较大，易于用隔油池去除。

2. 分散油

分散油中粒径大于 1μm 的微小油珠悬浮、分散于水相中，不稳定，可聚集成较大的油珠，从而转化为悬浮油，也可能在自然和机械作用下转化为乳化油，可采用粗粒化方法去除。

3. 乳化油

由于表面活性剂的存在，油在水中呈乳状液，易形成 O/W 型乳化微粒，粒径小于 1μm，表面常常覆盖一层带负电荷的双电层，体系较稳定，不易上浮于水面，较难处理。乳化油处理面临的问题主要是破乳及 COD 的降解，一般采用浮选、混凝、过滤等方法处理。

4. 溶解油

油在水中溶解度甚小，一小部分油以分子状态或化学方式分散于水体中形成油－水均相体系，该体系非常稳定，含油量一般为 5～15mg/L，均难以自然分离，可采用吸附、化学氧化及生化方法去除。

5. 油－固体物

水体中的油黏附在固体悬浮物的表面形成油—固体物，可采用分离法去除。

（二）油污染治理方法的分类

无论是工业含油污水还是港口舰船的含油污水的处理方法概括起来可按以下标准分类。

1. 按油类污染物的产生与排放过程分类

油污染治理按油类污染物的产生与排放过程可分为末端治理技术、回收利用技术和污染源控制技术。

2. 按对水体中油类污染物实施的作用分类

油污染治理按对水体中油类污染物实施的作用可分为分离法、转化法和稀释分散法。

①分离法。通过各种外力作用，包括机械力、电力、磁力和物理化学作用，把油类从水体中分离出来并回收利用。②转化法。通过化学、光化学、电化学、辐射、超声波和生物作用使水体中油类污染物分解，并转化为无害物质。③稀释分散法。它包括船舶含油污水在航行中控制排放、消油分散剂使水面油膜转变为水包油型乳状液，分散到水体中。

3. 按处理原理分类

油污染治理按处理原理分为物理法、化学法、物理化学法和生物化学法。

含油污水的处理方法很多。物理法分为重力分离法、粗粒化法、过滤法、膜分离法，具体设备有隔油池、去油罐、过滤罐、粗粒化罐、油水分离器、气体浮选器等；化学法分为化学破乳法、化学氧化法（空气氧化法、臭氧氧化法、氯氧化法、过氧化氢氧化法、Fenton 试剂氧化法、$KMnO_4$ 氧化法、K_2FeO_4 氧化法等)、光化学氧化法；物理化学法有气浮浮选法、吸附法、磁吸附分离法、电化学法；生物化学法有好氧活性污泥法、接触氧化法、厌氧法、氧化塘法等。

4. 按处理程度分类

油污染治理按处理程度分为一级处理、二级处理和三级(深度)处理。

二、水体中乳化油的破乳技术与方法

(一) 原油乳化废水的形成及破乳条件

原油乳化废水的形成需要 3 个条件：一是有表面活性剂存在；二是存在互不相溶的两相；三是强烈搅拌。原油形成乳化油的主要原因如下：第一，原油中含有胶质、沥青、环烷酸、脂肪酸及其盐类、晶态石蜡、岩石粉、黏土颗粒等具有相当强的乳化能力的物质；第二，有外力作用如强烈搅拌；第三，有各种表面活性剂如洗涤剂。

化学法对去除乳化油有特别的功效。乳状液可分为 O/W 型和 W/O 型两种，使乳状液变形或采用加速液珠聚结速度的方法导致乳状液被破坏，即破乳。化学破乳法是向乳化废水中投加化学试剂，通过化学作用使乳化液脱稳、破乳，实现油水分离的目的。该法中化学试剂的种类及最佳投药量的选择是一项复杂的工作，一般所选化学试剂应满足以下条件：一是能存在于油 - 水界面；二是破坏油滴周围的表面膜；三是可强烈吸引其他油滴发生聚结或凝聚。

(二) 破乳的机理

人们对破乳机理已经有较多和较深的研究，由于油的种类繁多，成分复杂，形成原因和条件也各不相同，给破乳机理研究增加了困难。目前研究较多、比较成熟的破乳机理主要有以下几种说法。

1. 凝聚、絮凝、聚集机理

乳化油废水因阴离子表面活性剂的存在，多为带负电荷的 O/W 型乳状液。凝聚即利用破乳剂的电荷中和作用，降低表面电位，破坏乳状液的稳定性以达到破乳的目的。絮凝即在热能、机械能等的作用下，相对分子质量较大的破乳剂分散在乳状液中，通过高分子架桥作用使细小液滴相互聚集成大液滴（各液滴仍然存在并不合并），该液滴直径大到一定程度后也可破乳，使油、水完全分离。聚结则是凝聚与絮凝的总称。

2. 碰撞破坏界面膜机理

在热能和机械能等作用下，破乳剂分子活动加剧，有较多机会与界面膜发生碰撞，通过击破油－水界面膜破坏乳状液的稳定性，以达到破乳的目的。

3. 界面膜接触、乳状液变形机理

破乳剂分子在热能、机械能的作用下与界面接触加剧，渗入并黏附在乳状液的界面；排出或置换出天然乳化剂，并破坏表面膜，形成新的油水界面膜；乳状液发生变形，外相相互凝结，使油水分离，达到破乳的目的。

4. 褶皱变形机理

近年来，随着显微技术的发展，科研工作者发现 W/O 型乳状液均有双层或多层水圈，水圈之间的油圈结构如褶皱。液滴在热能、机械能或破乳剂分子等的作用下，各层水圈相连通，发生褶皱变形，使液滴聚集而达到破乳的目的。

（三）化学破乳的主要方法

处理乳化油时必须先破乳。化学破乳法技术成熟、工艺简单，是进行含油污水处理的传统方法，包括盐析法、酸化法、凝聚法。普遍采用酸化－沉降法破乳去油，但效果不理想，采用盐析－酸化－沉降法则可获得令人满意的结果。该方法的发展主要集中在药剂的开发与应用，最传统和常用的药剂是铝盐及铁盐系列，机絮凝剂如聚丙烯酰胺等也作为助剂被广泛使用。目前，高分子有机絮凝剂特别是强阳离子型铵盐类广受重视，因乳化废水多为 O/W 型乳化液，带有负电荷，通过电荷中和可有效地除油。天然有机高分子絮凝剂如淀粉、木质素、纤维素等的衍生物相对分子质量大，且无毒害，有很好的应用前景。此外，我国黏土资源丰富，因其具有一定的吸附破乳性能，特别是经表面活性物质如阳离子活性剂十六烷基溴化铵（CTAB）等改性处理后，其表面疏水亲油性能增强，除油率可达98.5%，且价格便宜，是含油污水处理的一个发展方向。

化学破乳一般包括酸碱度调节、凝聚、吸附等过程。经此法处理后水质较好，残余油量少，处理速度快，工艺和设备简单。但油晶不易回收，药品用量较多，沉渣较多，设备易腐蚀。化学破乳的主要方法为以下几种：

1. 酸化法

乳化含油废水一般为 O/W 型，油滴表面往往覆盖一层带有负电荷的双电层，将废水用酸调至酸性，一般 pH 为 3 ~ 4，产生的质子会中和双电层，通过减少液滴表面电荷而破坏其稳定性，促使油滴凝聚。同时存在于油 - 水界面上的高级脂肪酸或高级脂肪醇之类的表面活性剂游离出来，使油滴失去稳定性，达到破乳的目的。破乳后用碱性物质调节 pH 到 7 ~ 9，可进一步去油，并可做混凝沉降和过滤等进一步处理。

酸化通常可用盐酸、硫酸和磷酸二氢钠等，也可用废酸液（如机械加工的酸洗废液）或烟道气和灰。这不仅可达到破乳的目的，而且烟道灰中含有的某些物质如 Fe^{2+} 等还能起到混凝作用，而 Mg^{2+} 等则能盐析破乳。

酸化法处理含油污水的优点在于工艺设备比较简单，处理效果比较稳定。但其缺点也较多，如酸化后若静置分出油层，则所需时间较长，同时硫酸等的使用对设备有一定的腐蚀作用，因而设备要有一定的抗腐蚀性。目前，酸化法处理含油污水常作为一种预处理方法，与气浮或混凝等方法结合使用。

2. 盐析法

该法的原理是：向乳化废水中投加无机盐类电解质，以去除乳化油珠外围的水化离子，压缩油粒与水界面处双电层的厚度，减少电荷，使双电层被破坏，从而使油粒脱稳，油珠间吸引力得到恢复而相互聚集，以达到破乳的目的。常用的电解质为镁盐、钙盐、铝盐，其中镁盐、钙盐使用较多。

该法操作简单，费用较低，但单独使用时投药量大，聚析速度慢，沉降分离时间一般在24h以上，设备占地面积大，且对表面活性剂稳定的含油污水处理效果不好。因此，该方法常广泛应用于初级处理。

3. 凝聚法

凝聚法除油近年来应用较多，其原理是：向乳化废水中投加絮凝剂，水解后生成胶体，吸附油珠，并通过絮凝产生矾花或通过药剂中和表面电荷使其凝聚，或由于加入的高分子物质的架桥作用产生絮凝，然后通过沉降或气浮的方法将油分去除。该法适应性强，可去除乳化油和溶解油以及部分难以生化降解的复杂高分子有机物。

絮凝剂可分为无机和有机两种，不同絮凝剂的pH适用范围不同，因此，混凝过程中加入的药剂还包括酸碱度调节剂，有时也加入助凝剂。常用的无机絮凝剂有铝盐系列，如硫酸铝、氢氧化铝、氯化铝、聚合氯化铝、含硫酸根的聚合氯化铝、聚合硫酸铝等；铁盐系列，如硫酸亚铁、硫酸铁、三氯化铁、聚合氯化铁、聚合硫酸铁、聚合硫酸铝铁、聚氯硫酸铁、聚合硫酸氯化铝铁等。铁盐混凝剂安全无毒，适应范围广，有取代对人体有害的铝盐絮凝剂的趋势。开发高分子铁盐絮凝剂前景广阔，意义重大。目前，科研工作者正在研制聚合硅酸铁、聚合硅酸铝铁及聚磷氯化铁等新型复合絮凝剂。铁盐及铝盐系列均为阳离子型无机絮凝剂，还有阴离子型无机絮凝剂，如聚合硅酸或活化硅酸等。有机絮凝剂按其分子的电荷特征可分为非离子型、阴离子型、阳离子型、两性型四种，前三类在含油污水处理中应用较广，其中阳离子型又可分为强阳离子型和弱阳离子型两种。常用的有机絮凝剂有聚丙烯酰胺、丙烯酰胺、二丙烯二甲基胺等。近年来，多种文献报道合成或选用了多种高分子絮凝剂，如国产强阳离子型絮凝剂（HC）、无机低分子和有机高分子组成的复合絮凝剂（PHM-Y）等。

无机絮凝法处理废水速度快，装置比盐析法的小，但药剂较贵，污泥生成量多。例如，用 +3 价铁离子作絮凝剂，除去 1L 油会产生 30L 含有大量水分（约95%）的油 – 氢氧化铁污泥，这样会带来既麻烦又昂贵的污泥脱水及处理问题。高分子有机絮凝剂处理含油污水效果较好，投加量一般较少，结合无机絮凝剂使用效果更好。其特点是可获得最大颗粒的絮凝体，并把油滴凝聚吸附除去。这类方法一般是在一定 pH 下加入无机絮凝剂，再加入一定量的有机絮凝剂。有时也可先加入有机絮凝剂，再加入无机絮凝剂。一般将两种药剂事先混合并以一种药剂的形式加入，但其处理效果不及分开投加的好。

用絮凝法处理含油污水时，在适宜的条件下 COD 的去除率为50%～87%，油去除率为80%～93%，但存在废渣及污泥多和难处理等问题。因此，为提高该法的适应性，要尽可能减少废渣及污泥量。

4. 混合法

多数情况下，盐析法、酸化法、凝聚法综合利用就是化学处理法的混合法，可取得更佳的效果。

三、水体油污染的治理方法

(一) 化学氧化法除油

氧化法是转化废水中污染物的有效方法，能将废水中呈溶解状态的无机物和有机物转化为微毒、无毒物质或转化成容易与水分离的形态。该法分为化学氧化法、电解氧化法和光化学催化氧化法三类。化学氧化法是指利用强氧化剂 (如 O_2、O_3、Cl_2、$KMnO_4$ 等) 氧化分解废水中油和 COD 等污染物以达到净化废水目的的一种方法。电解氧化法是指在废水中插上电极，通以一定的直流电，废水中的油和 COD 等污染物在阳极发生电氧化作用或与电解产生的氧化性物质 (如 Cl_2、ClO^-、Fe^{3+} 等) 发生化学氧化还原作用，以达到净化废水目的的一种方法。光化学催化氧化法是指以半导体材料 (如 TiO_2、Fe_2O_3、WO_3 等) 利用太阳光能或人造光能 (如紫外灯、日光灯等) 使废水中的油和 COD 等污染物降解以达到净化废水目的的一种方法。

无机物氧化还原较简单，有机物的氧化由于涉及共价键、电子移动等，情形很复杂。凡是加入氧或脱氢的反应称为氧化反应，而加氢或脱氧的反应称为还原。碳氢化合物氧化的最终产物为 CO_2 和 H_2O；含 N 有机物的氧化产物除 CO_2 和 H_2O 外，还有硝酸根、硫酸根、磷酸根。

有机物氧化为简单无机物的过程称有机物降解。降解过程一般分步进行,如 CH_4 降解: $CH_4 \longrightarrow CH_3OH \longrightarrow CH_2O \longrightarrow HCOOH \longrightarrow CO_2+H_2O$。

实验表明,有机物中酚类、醛类、芳胺类和某些有机硫化物(如硫醇、硫醚)易于氧化;醇类、酸类、酯类、烷基取代的芳烃化合物、硝基取代的芳烃化合物、不饱和烃类和碳水化合物在一定条件下(强酸、强碱或催化剂)可以氧化;而饱和烃类、卤代烃类、合成高分子聚合物类难以氧化。

常用的氧化剂有 O_2、O_3、Cl_2、ClO^-、MnO_2、Fe^{3+} 等,可用于饮用水、特种工业用水和有毒工业废水的处理,是转化废水中污染物的有效方法。废水中呈溶解状态的无机物和有机物通过化学反应被氧化或还原为微毒、无毒的物质,或者转化成容易与水分离的形态,从而达到污水处理的目的。

1. 空气氧化法

空气氧化法以空气为氧化剂,是一种简单而经济的污水处理方法。通常把空气鼓入废水中,利用空气中的氧气氧化废水中的污染物,而氧气在不同 pH 条件下具有不同的氧化能力。

随 pH 降低,还原电势增加,氧气氧化性增强。另外,根据能斯特公式可知温度升高,压力增强,氧分压增大,其还原电势增大,氧化性增强。催化剂的存在有利于降低反应的活化能,也能促进氧化反应快速进行。因此,有时为了提高氧化效果,使反应在高温、高压下进行,或使用催化剂。

在碱性条件下,空气的氧化能力弱,故该法主要用于处理含还原性较强物质的废水。在用空气氧化法处理污水时,常添加 $MnSO_4$ 作催化剂以提高氧化速度、缩短处理时间。

2. 湿式氧化法

湿式氧化法也称热氧化法,是指在高温高压下利用空气氧化废水中的有机物和还原性无机物。高温指温度不低于180℃,高压是指压力不低于5MPa。现在发展的超临界湿式氧化法的水的温度在其临界点以上,其操作压力已达到43.8MPa。将催化剂引入该氧化系统,可使反应在比较温和的条件下进行,在更短的时间内完成反应。使用的催化剂有贵重金属如 Pt、Pd、Ru,也有过渡金属和稀有元素,如 Cu、Mn 等盐或其氧化物。

湿式氧化处理效果与水温、氧分压、时间和催化剂有关,其中温度是主要影响因素，150℃时COD去除率仅为20%左右，200℃时COD去除率可达60%，250℃时COD去除率可达80%，300℃时COD去除率可接近100%；处理时间仅为300min。

湿式氧化法具有适用范围广、处理效率高、二次污染少、氧化速度快、可回收热量等优点。该法投资高，但运行费用低，目前已广泛用于各类高浓度废水及污泥的处理。该法主要用于毒性大且难以用生化方法处理的农药废水、染料废水、造纸废水、有机废水等，也用于还原性无机物，如CN^-、S^{2-}的废水处理。

3. 臭氧氧化法

我国用臭氧处理废水的研究始于20世纪70年代，已用于一些工业废水处理、养殖水处理与废水脱色。

臭氧杀菌性强，速度快，能杀灭氯所不能杀灭的病毒和芽孢，而且出水无异味。臭氧可氧化多种有机物和无机物，如酚、氰化物、有机硫化物、不饱和脂肪族及芳香族化合物等致癌物质。臭氧消毒能力比氯更强，其缺点是电耗大、成本较高。臭氧之所以表现出强氧化性是因为分子中的氧原子具有强烈的亲电子或亲质子性，臭氧分解产生的新生态氧原子也具有很高的氧化活性。水的臭氧处理在接触反应器内进行，有鼓泡塔、螺旋合器、涡轮注入器、射流器等多种反应器。

臭氧的制备方法有化学法、电解法、紫外光法、放电法等。O_3易破坏酚类物质，氧化能力比H_2O_2大一倍，去除率接近100%。若臭氧浓度为$0.045 \sim 0.45$mg/L时，消毒处理只需2 min；若臭氧浓度超过1mg/L，经1min接触病毒去除率可达99.99%。

O_3与石灰并用可有效除去废水中的重金属硫化物等。O_3与紫外线照射结合可激活臭氧分子，加快反应速度，增强氧化能力，降低臭氧消耗量。光照下生成羟基游离基，该游离基能氧化分解为有机物，生成一系列中间产物直至氧化为CO_2，我国已将O_3用于废水的三级处理，效果显著。

4. 氯氧化法

常用的含氯药剂有液氯、漂白粉、次氯酸钠、二氧化氯等，其氧化能力主要源于氯在水中形成的次氯酸或次氯酸根离子以及次氯酸分解出的 O_2。

（1）漂白粉

漂白粉是在石灰水中通 Cl_2 气体后的反应产物，主要成分是次氯酸钙、氯化钙和氢氧化钙的复盐。次氯酸钙可分解出 ClO^-，因而同样具有杀菌、氧化作用。在碱性条件下，Ca^{2+} 与 OH^- 生成的 $Ca(OH)_2$ 也具有絮凝作用，因此漂白粉常用于废水处理。

目前常用游离氯消毒，杀微生物、藻类等。水下管线用氯消毒可防止生物生长。医院污水、无机物与有机物废水用氯氧化法处理也具有很好的效果，不仅降低 COD 含量，而且具有脱色作用。

（2）二氧化氯

二氧化氯在室温下是黄红色或黄绿色气体，熔点为 214K，沸点为283K，极易爆炸，氧化性很强，能氧化许多无机物和有机物。二氧化氯的氧化能力是 Cl_2 的 2.6 倍，是环氧乙烷的 1 075 倍，杀菌性极高，杀菌时受 pH 影响小，持续时间长。二氧化氯具有与 Cl_2 和 O_2 相类似的刺激性气味，易溶于水，溶解能力为 Cl_2 的 5 倍，在水中以溶解气体形式存在。它仅起氧化作用，无氯化作用，因此使用安全，是 Cl_2 的替代产品，已大量用作纸浆漂白剂，用于饮用水、工业废水、医院污水和循环冷却水的处理和蔬菜、水果保鲜等。二氧化氯已被世界卫生组织列为 A 级高效安全消毒剂，我国从 20 世纪 80 年代初才开始关注二氧化氯的制备与应用。

（二）机械物理法除油

机械物理法除油是根据在重力场和离心力场中油水间有不同的重力和离心力而达到分离的目的。用于除油的设备有隔油池、除油罐、过滤罐、粗粒化罐、油水分离器、气体浮选器等。

重力及机械分离法是典型的初级处理方法，用于处理水体中的浮油和分散油。其原理是利用在重力场和离心力场中油和水所产生的重力和离心力不同而进行分离。

在离心力场中，水的密度比油的大，因此水被甩出，油集中在中心部位被回收。

在重力场中(沉降池或隔油池)浮油或分散油在浮力作用下上浮分层，其上浮速度取决于油珠颗粒大小、油与水的相对密度差、流动状态及流体黏度等。该过程在隔油池或隔油罐中进行，其特点是结构简单、管理及运行方便、除油效率稳定，但处理所需时间长，池子占地面积大。

隔油池种类很多，国内外普遍采用的是普通平流式、斜板式、隔油池与平流斜板组合式三种。隔油池斜板以45°安装，3张斜板间距分别为50mm、40mm和30mm。斜板材料可用不饱和聚酯玻璃钢或其他吸油性好的材料。隔油池主要去除水体中直径大于0.1mm的悬浮油。隔油池大小视平台面积而定，一般为20m² 左右，停留时间为1.5~2.0h，出水口含油量为50~100mg/L，进水口含油量不大于1 000mg/L，除油率在70%左右。

(三)生物化学法除油

生物化学法较物理或化学方法成本低，投资少，效率高，无二次污染，广泛被各国所采用。生物化学法的机理为：利用微生物使部分有机物(包括油类)作为营养物质所吸收转化并合成微生物体内的有机成分或增殖成新的微生物，其余部分被生物氧化分解成简单的无机物或有机物，如 CO_2、H_2O、N_2、CH_4 等，从而使废水得到净化。该法根据微生物对氧的需求可分为好氧生物法和厌氧生物法，根据过程形式可分为活性污泥法、生物膜法和氧化塘法。

第二节　港口舰船油污水的治理技术与方法

港口舰船油污水污染港池水体，已成为民用港、军港急需治理的主要污染源之一。近年来，我国港口舰船油污水治理已取得一定成效，积累了一些经验，在技术和方法上都有所进步，使有些民用港或军港控制了油类污染，海水质量有所提高。但是，民用港和军港的油污水治理还不平衡，有些港的舰船仍然任意向港池或近海排放油污水，致使水体油污染严重，其主要原因是大部分港口没有油污水处理站，对舰船油污水的接纳、处理、监测没有形成系统，即使有监测数据表明水体油类含量不符合要求，但由于没有油污水接纳处理系统，舰船也只能任意排放油污水。本节主要介绍港口舰船油污水治理技术和方法。

一、港口舰船油污水处理系统

港口舰船产生的油污水与炼油厂含油废水、油田采油废水、油脂厂含油废水等不一样，前者是每艘舰船自身产生的油污水，比较分散，要通过各种接纳手段或工具才能将分散的油污水集中到处理池，待到一定量时才开始进行处理，其处理量和处理时间是不一定的。而这些厂产生的油废水是连续的，只要把产生油废水与处理系统连接就能连续进行处理，不需要接纳系统，就可连续作业。因此，港口舰船油污水处理系统主要由3个子系统组成，即油污水接纳系统、油污水分离处理系统和油污水监测系统。

（一）油污水接纳系统

港口油污水接纳系统可分为三种接纳方式。

1. 舰船直接停靠码头接纳

港口油污水处理站应设立格栅、调节隔油池（预处理池），该池的容积要大一些，接纳港口不同舰船、不同时间产生的油污水，待到一定量时，开启油污水处理系统进行分离处理。因此，预处理池要有管网通到码头，有标准管道接口。舰船需要排放油污水，可直接停靠在油污水接纳码头，利用舰船上的泵或油污水处理站的气动隔膜泵将油污水通过接纳码头的管道泵送到预处理池。

2. 利用油污水接纳船接纳

驻港舰船有各种类型，大小不一，有些舰船不能停靠码头或不具备自动排放油污水的功能；有些舰船锚泊在港池外，需要派油污水接纳船靠泊到排污舰船进行接纳。这样油污水接纳船的容量要大一点，具有泵吸功能，才能将舰船上的油污水吸到接纳船舱内。

当接纳船上的油污水到一定量时，就得到接纳码头，利用码头上固定

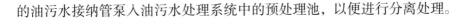

的油污水接纳管泵入油污水处理系统中的预处理池，以便进行分离处理。

3. 利用油污水接纳车接纳

当舰船清洗舱产生少量油污水，且含油量高时，不能直排入港池；有些小型舰船出海作业时间短，产生油污水少，停靠油污水接纳码头又不方便，可以用油污水接纳车到舰船停靠码头上进行接纳。但是油污水接纳车要具备三个条件：一要有油污水贮备罐，容量为 8～10 吨；二要装备有空气压缩机，作为气动力源；三要有气动隔膜泵，吸程为 7m 以上。

港口油污水接纳系统具备三种接纳方式，能有机地结合，整体性能好，适应性强，不管是舰船锚泊在海上，还是停靠在码头，不管是大舰，还是小船，不管是上班时间，还是节假日，只要舰船需要排放油污水，均可以进行全方位接纳。这就大大减少了舰船油污水在港池或近海的排放，有效地遏制了舰船油污水对港口水体的污染。

(二) 油污水分离处理系统

油污水分离处理系统可分为格栅、调节隔油池，絮凝沉淀池，吸附过滤器，集油池和油泥干化池。

1. 格栅、调节隔油池 (预处理池)

格栅是一组由平衡的不锈钢栅条制成的框架，倾斜架设在调节隔油池之前，其主要作用是防止接纳油污水中的漂浮物阻塞管道、损坏搅拌设备和其他机械设备。

调节隔油池在港口油污水处理系统中有两个作用：一是接纳舰船上的油污水，二是利用重力沉降分离法隔油处理。在调节隔油池后还可以设立平流式隔油池，采用二次重力沉降分离。平流式隔油池结构简单，其机理是自然上浮法，如果水中的粗分散物质是密度小于 1 的强疏水性物质，可依靠水的浮力使其自发地浮升到水面，这就是自然上浮法。由于粒径大于 1μm、小于 15μm 的微小油珠悬浮分散于水中，不稳定，可聚集成较大的油珠并转化为悬浮油，经过平流式隔油池静置分层，可用重力沉降法除油。实际上调节隔油池也采用自然上浮法，不过它主要分隔粒径为 50～60μm

的漂浮油。

2. 絮凝沉淀池

进入絮凝沉淀池的油污水中的油多呈乳化态，易形成 O/W 型（水包油）乳化微粒，粒径小于 1μm，表面常覆盖一层带负电荷的双电层，体系较稳定，不易上浮于水面，难以用重力沉降法隔油处理，一般采用浮选、混凝沉淀等处理方法。在絮凝沉淀池的油污水中投入一定量、合适的絮凝剂，再加以充分搅拌混合，使乳化油分子脱稳而浮于水面，同时使絮粒接触碰撞产生聚凝沉淀，从而达到悬浮和沉淀分离的目的。

3. 吸附过滤器

吸附过滤器中的吸附剂采用高效树脂吸附材料，一般为碳吸附剂、无机吸附剂和有机吸附剂，要求吸油量大而且速度快，吸水量小，可重复使用多次而且压缩回弹性能好，这样可吸附水中 80% 以上的乳化油。如果经过絮凝沉淀池出来的油污水的含油量大于 10mg/L，就必须采取吸附过滤器处理工艺，以使油污水达到排放标准（小于 10mg/L）。

4. 集油池和油泥干化池

集油池收集调节隔油池、平流式隔油池和混凝沉淀池分离出来的浮油，到一定量时集中处理利用。

油泥干化池是将絮凝沉淀后的油泥通过水压排泥方式或气动隔膜泵吸入方式将油泥排入干化池，进行干化、焚烧处理。

（三）油污水监测系统

油污水监测系统就是港口环境监测站不定期对不同时间、从不同舰船接纳的油污水、分离处理过的排污水和港池海水进行监测分析，为治理港池油类污染提供可靠依据。一是对接纳到的油污水应进行含油量分析，依据分析数据可使油污水处理站决定对其采取二级处理还是三级处理，如果油污水含油量低，采用二级处理就可达标排放，不必浪费材料和时间进行三级处理。油污水监测系统也可以对絮凝沉淀池排出的废水进行监测分析，确定是否进行三级处理，后者监测分析比前者更方便。二是对从吸附过滤

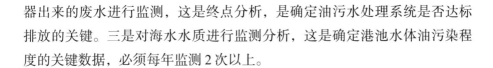

器出来的废水进行监测，这是终点分析，是确定油污水处理系统是否达标排放的关键。三是对海水水质进行监测分析，这是确定港池水体油污染程度的关键数据，必须每年监测 2 次以上。

二、舰船油污水接纳设备及使用方法

港口舰船油污水接纳设备主要有码头固定油污水接纳管系和接口、油污水接纳船、油污水接纳车和油污水接纳辅助设备如空气压缩机、气动隔膜泵等。

(一) 码头固定油污水接纳管系和接口

港口舰船油污水处理站应建在离码头比较近的位置，接纳码头应能停靠 10 000 吨以上的舰船排污，同时码头与油污水处理站的油污水预处理池 (或调节隔油池) 之间要铺设管网，连通预处理池和码头，在码头管系一端要有标准接口，与排污舰船的排污管系要对口相接，也要与气动隔膜泵连接管道的接口相吻合，这样才能顺利地接纳舰船油污水。码头固定污水接纳管系的使用方法如下:

①在码头或排污舰船上的适当位置安放好气动隔膜泵；连接泵的吸水管，并将吸水管另一端插入排污舰船污水舱的油污水中；连接泵的出水管，出水管另一端与码头固定油污水接纳管系相接。

②打开码头通向港口油污水接纳处理站的油污水管系阀门，将压缩空气机供气管的一端插入气动隔膜泵的自闭快速接头，另一端与气源相连接，关闭空气缓冲罐的放气阀。

③连接码头岸上的电箱电源，开启空气压缩机，当气源压力表指示达 0.7MPa 后，打开供气阀向隔膜泵供气，在正常情况下，隔膜泵即开始抽吸油污水。接纳过程中，各岗位人员要注意观察异常情况，如隔膜泵抽水情况有异常，应立即停泵，待故障排除后再继续接纳。

④接纳完毕，将泵吸水管进水端从排污舰船的油污水舱中抽出，让隔膜泵再运行一段时间，使泵和管线内的油污水尽量排空。关闭码头通向油污水处理站的输送油污水管道闸门，关闭供气阀，停止向隔膜泵供气。

⑤关闭空气压缩压机，让空气压缩机贮气罐放气，待气压归零后拆下

压缩空气供气管，断开码头岸上的电箱连线，收回电缆；从排污舰船一端进行扫线，逐节卸下油污水接纳管线，防止管内残留的油污水溢出；气动隔膜泵、管线、电缆等归位。

（二）油污水接纳船

油污水接纳船接纳油污水容量应在 100～200 吨，应安装气动隔膜泵，靠负压自吸，吸程在 7m 以上。油污水接纳船对锚泊的舰船进行油污水接纳时，接纳船与被接纳舰船停靠的位置要适当，便于接纳管泵连接，一旦确定位置，两者系牢后才能开始进行接纳。利用油污水接纳船接纳舰船油污水的操作方法如下：

①首先接牢泵吸水管和出水管，并将吸水管一端插入排污舰船的油污水中，出水管一端插入港口油污水接纳船舱的入口中；将压缩空气供气管的一端插入气动隔膜泵的自闭快速接头，另一端插入船上压缩空气源的自闭式快速接头。

②接通空气压缩机电源，当气源的压力表指示达 0.7MPa 后，打开供气阀向隔膜泵供气。在正常情况下，排污舰船的油污水立即被抽吸到油污水接纳船的油污水舱中。接纳过程中要注意维持各舱油污水量的平衡，工作人员要注意观察异常情况，隔膜泵抽水情况如发生异常，应立即停止供气，查明原因后再实施接纳。

③接纳工作结束后，将泵吸水管进水端从排污舰船的油污水舱中抽出，让隔膜泵再运行一段时间，使泵和管线内油污水尽量排空；关闭供气阀，停止向隔膜泵供气；关闭气源供气阀，待气压归零后拆下压缩空气供气管；从排污舰船一端进行扫线，逐节卸下油污水接纳管线，防止管内残留的油污水溢出，气动隔膜泵、管线归位。

（三）油污水接纳车

油污水接纳车不需要特殊装置，一般油罐车都可以使用。油污水接纳车的容量一般为 8～10 吨，需要配备空气压缩机、气动隔膜泵和配套工具等，并把配套设备设计在一个车上，便于整体运输和安装、拆卸方便，提高接纳效率。利用油污水接纳车接纳舰船油污水的操作方法如下：

①把接纳车停靠在排污舰船停靠码头的适当位置，打开接纳车油污水罐两侧的管线工具箱，取出油污水接纳管、压缩空气供气管、外挂开关箱和电缆；打开空气压缩机的防护罩，卸下气动隔膜泵。

②将气动隔膜泵放置在被接纳舰船的合适位置，接好泵吸水管和出水管，吸水管一端插入舰船油污水舱的油污水中，出水管一端插入接纳车油污水罐顶的入口中；将压缩空气供气管的一端插入气动隔膜泵的自闭快速接头，另一端插入接纳车压缩空气控制分配阀的自闭式快速接头。

③将外挂开关箱的电缆插头插入电气控制箱侧面的电源插座内，另一头接码头岸电箱；接通接纳车电气控制开关，此时电气控制箱的外电指示灯亮，表示电源已接通。

④启动空气压缩机，待空气压缩机压力表指示达 0.7MPa 后，打开供气阀向隔膜泵供气，在正常情况下，排污舰船油污水立即被抽到接纳车的油污水罐中，负责接纳车顶接纳管线的人员要注意防止管线脱落。在接纳过程中，接纳人员要注意观察异常情况，发现隔膜泵抽水出现异常情况，应立即停泵，待查明原因后再实施接纳。

⑤油污水接纳完毕，停止空气压缩机，关闭电源，将空气压缩机贮气体罐中的气放掉，待气压表归零后拆除气管；断开码头岸电箱，收回电缆，再从排污舰船一端进行扫线，逐节卸下油污水接纳管线，防止管内残留的油污水溢出，将气动隔膜泵、管线、电缆等归位。

(四) 气动隔膜泵

在油污水接纳的三种方式中都要用到气动隔膜泵，因此，气动隔膜泵在舰船油污水接纳过程中起了相当重要的作用。武汉四通泵业制造有限公司生产的 QB 型气动隔膜泵广泛应用于石油、化工、环保、船舶、造纸、医药和军工等行业。

1.QB 型气动隔膜聚的工作原理

QB 型气动隔膜泵有多种型号，其工作原理都是一样的。在泵的两个对称工作腔中各装有一块具有弹性的隔膜，联杆将两块隔膜联结成一体，压缩空气从泵的进气接头进入配气阀后射向一个工作腔中的隔膜后面，推动隔膜，驱使联杆联结的两块隔膜同步运动。同时，另一个工作腔中的气体则从其隔膜的背面排出泵外，一旦达到行程终点，配气机构则自动地将压缩空气引入另一工作腔，推动隔膜向相反的方向运动，这样就形成了两块隔膜的同步往复运动，每个工作腔中设置两个单向阀，隔膜的往复运动造成工作腔容积的改变，迫使两个单向阀交替地开启和关闭，从而将介质连续地吸入和排出。

2. 气动隔膜泵的性能

气动隔膜泵不需灌引水，吸程可达 7m，不直接用电源带动泵，采用压缩空气为动力源，避免产生电火花，对泵吸易燃、易爆、易挥发的流体和腐蚀性液体比较安全，同时还能泵吸黏度较大或带颗粒的流体。该泵体积小，质量轻，操作方便，安全可靠，因此，气动隔膜泵的应用解决了舰船油污水接纳不彻底、安全性差、操作不便的难题。根据不同的处理规模，选择不同型号的气动隔膜泵，小型港口的油污水处理站一般选用 40QB 型泵，而大中型港口一般选用 65QB 型泵。

3. 气动隔膜泵的使用方法

在使用气动隔膜泵时必须要有空气动力源，一般用空气压缩机作为气动隔膜泵的动力源。首先要检查隔膜泵与压缩空气入口接头是否完好、清洁、畅通，还要检查隔膜泵本身进水口、出水口接头是否完好和畅通；其次开始连接管道、运行等工作。

①在需要泵吸油污水的合适位置安放好气动隔膜泵，连接泵吸水管和出水管，其另一端分别与排水容器和收水容器（或管道）相接；将压缩空气供气管的一端插入气动隔膜泵的自闭快速接头，另一端与气源相接（空气压缩机的输气口）。

②空气压缩机接好电源，开启空气压缩机，气源的压力表指示达 0.7MPa 后，打开供气阀向隔膜泵供气。在正常情况下，隔膜泵立即开始输水。

③当油污水接纳完毕，将泵吸水管进水端从排污舰船的油污水舱中抽出，让隔膜泵再运行一段时间，使泵和管线内的油污水尽量排空；关闭供

气阀，停止向隔膜泵供气。

④关闭空气压缩机，将贮气罐放气，待气压归零后拆下压缩空气供气管；断开电源，再从排污一端进行扫线，逐节卸下油污水接纳管线，防止管内残留的油污水溢出；将气动隔膜泵、管线、电缆等归位。

三、港口舰船油污水治理方法与处理工艺

大型港、中型港和小型港的驻港舰船数量不尽相同，因而港口舰船产生的油污水量也不一样，因此，各港口舰船油污水处理站的规模、处理油污水的工艺也各不相同。目前我国处理油污水的工艺有二级处理和三级（深度）处理，一般采用三级处理工艺：一是用隔油法去除悬浮态油；二是用气浮法去除乳化态油；三是用生化法去除溶解态油和大部分有机物。

（一）油污水处理工艺流程

在调节隔油池前设计一个不锈钢格栅，调节隔油池分为 1 号池和 2 号池，进行隔油，分离后的浮油进入集油池，而油污水进入平流式隔油池，在此进行二次重力隔油，以上为一级处理；从平流式隔油池分离出来的污水进入混凝沉淀池，进行破乳、絮凝、集结，使乳化油中的分子脱稳而浮于水面，使细小微粒凝聚、集结形成较大颗粒发生沉降，从而达到油与水、油与细小微粒分离的目的，其他污染物也随之得到处理，以上工艺为二级处理；为了确保污水达标排放，最后设计了吸附过滤池，采用高效树脂吸附材料，大大提高了除油率，称为三级（深度）处理。

（二）处理单元及其功能

1. 格栅

格栅是由一组平行的不锈钢栅条制成的框架，格栅的栅条由圆钢制作，其强度虽不如扁钢，但水头损失较小。栅条间距分为细、中、粗三种，分别为 3～10mm、10～25mm 和 50～100mm，该工艺格栅采用细格栅，栅条间距为 5～10mm，因为该系统处理的是舰船压舱水、洗舱水和机舱水，格栅拦截的漂浮物尺寸较小，没有粗大漂浮物。格栅倾斜架设在调节隔油池

之前，以防漂浮物阻塞管道、损坏搅拌设备或其他机械设备。被拦截在栅条上的栅渣一般采用人工清除方式，因为港口舰船油污水处理系统接纳的舰船油污水中漂浮物很少，不含有大块漂浮物，每年只需清理 3~4 次，因此不必采用机械清除方式。

2. 调节隔油池

调节隔油池包括 1 号和 2 号池，有效容积为 280m³，而大型港口油污水处理站调节隔油池的有效容积可增至 500m³。油污水通过格栅后进入 1 号池，利用重力分离法隔油处理，即利用水和油的密度不同将油污水初步分离，浮油通过集油槽进入集油池，随着液面不断升高，含油污水溢流至 2 号池进一步分离，分离出的浮油进入集油池，而含有乳化态油的污水进入平流式隔油池。调节隔油池的功能：一是将不同时段、不同流量的油污水收集起来，调节均匀后进行下一步处理；二是初步隔油，油污水在调节隔油池至少要停留 8h，根据舰船油污水接纳量的多少而定，可以停留更长时间，90% 以上的悬浮态油得到隔离回收。

3. 平流式隔油池

平流式隔油池也有两个池，分别为 3 号池和 4 号池，有效容积为 60m³，大型港口的油污水处理站的平流式隔油池容积可增至 100m³。调节隔油池的含油污水进入 3 号和 4 号平流式隔油池，两隔油池在底部相通，池中油污水所含粒径一般大于 1μm，微小油珠悬浮分散于水相中，其不稳定，可通过自然沉降集成较大的油珠，应用重力隔油原理，由于油水间的密度差，油珠必然上浮。水静力学原理如下：

$$\rho_{油} h_1 + \rho_{水} h_2 = \rho_{水} h_3 + \rho_{水} (h_3 - h_2)$$

由于 $\rho_{油} < \rho_{水}$，故 $h_1 > h_3 - h_2$，所以油面高于水面，油层越厚，则水油面的位差越大（见图 8-1）。将集油槽设在左侧油层，比 h_3 略高一些的位置，油自动从集油槽流入集油池，而含乳化油的油污水进入混凝沉淀池，达到油水分离的目的。平流式隔油池的功能是二次重力分离，可除去直径大于 50μm 的油滴，出水含油量在 30~40mg/L，除油率可达 70%，可以达到较好的除油效果。平流式隔油池利用重力隔油，在东南沿海港口油污水处理站不受季节限制，冬季水与油品均不会凝固，流进、流出也不会因油、水凝固使管道受阻，无须温控照常工作。

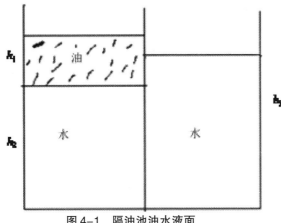

图4-1 隔油池油水液面

4. 混凝沉淀池

进入混凝沉淀池的油污水中的油多呈乳化态，易形成 O/W 型（水包油）乳化微粒，粒径小于1μm，表面常覆盖一层带负电荷的双电层，体系较稳定，不易上浮于水面，难以用重力隔油处理，一般采用浮选、混凝、沉淀等处理方法。该处理工艺采用混凝沉淀法，混凝沉淀池为长方形，有效容积为60m³。大型港口的油污水处理站的混凝沉淀池有效容积可增至100m³。在该池投入絮凝剂，增设搅拌设备，先利用短时快速搅拌，使絮凝剂与油污水快速均匀混合，再缓慢而平衡地搅拌，使乳化油分子脱稳而浮于水面，同时使微絮粒接触碰撞产生聚凝沉淀，从而将水中油、悬浮物、COD 等进一步净化，以达到悬浮和沉淀分离的目的，油的去除率可达90%。

5. 吸附过滤器

通过混凝池的污水如能达到排放标准，可直接排入大海，否则要经过吸附过滤器。吸附过滤器采用高效树脂吸附材料，对油类吸附性能好，可吸附污水中80%的乳化油。该处理工艺采用人工合成树脂如聚醚型聚氨酯（XJM）自行加工处理，除油率为90%～99%。通过混凝沉淀后的污水的含油量高低取决于原油污水的含油量，一般情况下，原水含油量在200mg/L

以下，经过混凝沉淀池就可达到排放标准；若原水含油量在200mg/L以上，则混凝沉淀后的出水含油量可能在10mg/L以上，必须经过吸附过滤器，假设经混凝沉淀后出水含油量为40mg/L，则经吸附器后出水含油量为3mg/L，达到排放标准。过滤器的清洗采用自来水反冲洗法，反冲洗出水循环到调节隔油池再进行处理，聚醚型聚氨酯过滤吸附材料经过一段时间使用达到吸油饱和，可再生使用，当寿命终结不能再生，可用燃烧法销毁，不产生二次污染。

6. 污染干化池和集油池

污泥干化池有效面积为100m²。通过絮凝沉淀后，大部分颗粒杂质沉入池底集泥斗内，通过水压排泥方式排入污泥干化池，进行干化、焚烧处理。

集油池设在地下，有效容积为80～120m³，它收集调节隔油池、平流式隔油池和混凝沉淀池分离出来的浮油，废油经处理可重复利用。

第三节　微孔膜生物反应器（MBR）的研究进展

一、膜生物反应器的发展

2004—2005年：每天万吨级的规模工程的可行性研究阶段，并为实施做准备。

2005—2006年：开始实施每天上万吨级的规模工程的工程设计、建设、运行阶段。

2006年至今：大规模实施每天数万吨级的规模工程的工程膜生物反应器（MBR）阶段。

膜生物反应器是当今世界公认的先进的污水处理和污水资源化技术，它是将膜分离技术中的超滤、微滤或纳滤膜组件与污水生物处理中的生物反应器相互结合而形成的新型处理系统。这种集成式组合新工艺把生物反应器的生物降解作用和膜的高效分离技术融于一体。由于膜的高效分离作用使 MBR 具有很多传统生物处理工艺所不具备的突出优点：出水水质优良稳定，可直接回用；容积负荷高，占地面积小，整个系统流程紧凑；剩余污泥量少；运行管理方便等。同时，膜的一次性高成本投入、膜污染、膜的较短使用寿命等依然是制约膜技术运用的"瓶颈"。MBR 技术的最佳适用范围为：出水水质要求高的项目 [出水水质优于《城镇污水处理厂污染物排放标准》(GB18918—2002) 中一级 A 类限制]；处理出水有回用要求的项目（污水资源化项目）；工程用地比较紧张的项目；高浓度有机废水项目。该技术的出现是对我国传统污水治理理念和污水处理技术的一次颠覆和一场伟大变革，将对我国的水处理行业和环境保护带来深层次的巨大影响；同时，它也使水处理行业从工程化向设备化和产业化发展成为可能。

膜技术在 20 世纪 90 年代后期发展迅速，特别是进入 21 世纪后，随着膜材料生产的规模化、膜组件及其处理产品的设备化和集成化、膜设备生产技术的普及化和价格大众化，膜技术的发展已经从实验室潜在技术迅速发展成为工程实用技术，已经在许多大型工程中应用，为膜处理技术的运用和发展积累了宝贵的经验。

我国 MBR 技术的发展历史几乎与国外相近，除了早期与国外有差距外，最近几年在技术应用方面与国外几乎同步，并且在部分领域有领先优势，因为我国对 MBR 技术的需求远比国外迫切且市场潜力巨大。MBR 技术的主要发展阶段如下：

1990—2000 年：实验室阶段，小试、中试、示范工程；

2000—2003 年：每天百吨级的规模开始应用，主要用于小区楼宇、工业等领域；

2003—2005 年：每天千吨级的规模开始应用，主要用于城市污水和工业污水领域；

2005 年至今：设计、建设、运行阶段，主要用于城市污水和工业污水领域。

政府的立法对膜生物反应器应用的影响最为直接，在确保用水安全和提高水质的驱动下，政府不断提高水处理标准和上涨水价，为膜生物反应器的广泛应用提供了可能。同时，各国政府对膜技术应用的鼓励和对研究经费的支持也使膜生物反应器技术得以快速发展。在膜生物反应器的投资成本中占很大比例的膜生产成本在过去几年中呈指数趋势下降。

在膜生物反应器中，膜应用模式分为三种，即通过膜的过滤分离获得处理后的净水，通过微孔膜供氧，提高氧气的利用效率，通过微孔膜提供养料。在一定条件下，同时利用膜的三种模式是可能的。膜生物反应器中膜组件的设置方式有两种：浸没式和侧流式。反应器形式可为好氧式和厌氧式。利用膜作为养料输送媒介的膜反应器的膜结构比较紧密，如硅树脂等通过有孔膜抽提，使溶解性有机物随着溶剂被抽提出来。而微孔膜曝气则是通过膜组件作为生物膜生长的载体，通过膜的内部曝气为生物膜供氧，使生物膜整体保持好氧状态，同时通过微孔曝气可以提高溶氧，以提高氧气的利用效率。

二、膜生物反应器的形式和特点

膜技术用于污水处理领域的活性污泥悬浮液的固液分离始于20世纪60年代末。世界上首个商业化的膜生物反应器是由一公司在1980年建立的，用于船舱的生活污水处理。在传统的活性污泥处理工艺中，由于受到二沉池的沉降特性所限，在工业化规模的活性污泥处理工艺中，污泥浓度限制了处理装置的进水污泥浓度负荷和体积负荷，庞大的占地面积和反应器体积也使建设污水处理站的投资成本居高不下。在污水处理中引入膜技术以后，反应器不再受到二沉池的沉降限制，同时可以几乎完全将微生物截留在反应器中，所以，膜生物反应器可以在较高的污泥浓度下运行，可以承担较高的进水负荷。较高的活性污泥浓度、充足的供氧可以使污染物的降解速率加快，从而减少污水停留时间和反应器体积。虽然高污泥浓度会带来氧传质和膜污染等问题，但是确实有报道称膜生物反应器的活性污泥混合液悬浮固体浓度可达到克每升级别。因此，膜生物反应器的优点包括高质量出水、较小的占地面积、较高的进水负荷、较低的污泥产率。此外，膜生物反应器还可以承担较大的进水冲击负荷。

根据膜组件的安装方式，悬浮液分离的膜生物反应器可以分为两种类型：侧流式和浸没式。侧流式膜生物反应器又称内压式膜生物反应器，由好氧活性污泥反应槽和外置式膜组件组成，循环泵将活性污泥混合液打入膜组件的腔体，并提供较高的压力，在压力差的驱动下，渗滤液通过膜过滤分离后被收集。浸没式膜生物反应器又称外压式膜生物反应器，是将膜组件直接浸没在活性污泥反应槽内，通过曝气引发的气液固三相流的冲刷控制膜表面的活性污泥沉积，渗滤液由于负压抽吸或是重力水头驱动通过膜表面，并被收集。与侧流式膜生物反应器相比，浸没式膜生物反应器可以省掉循环泵并使用较低的操作压力，从而更加节能。

在浸没式膜生物反应器中，曝气作用至关重要，它不但起到为微生物提供溶氧的作用，还会直接刮擦膜表面，以防止活性污泥在膜表面形成密实的滤饼层。曝气引发的气液固三相流的水力冲刷剪切力是防止密实稳定的滤饼层形成的重要手段。较为知名的膜生物反应器制造商如日本的久保田和三菱的膜生物反应器形式都选择了浸没式，而荷兰和美国的制造商则选择了侧流式膜生物反应器。

三、膜生物反应器的膜及膜污染

(一) 膜的基础知识

膜是具有过滤功能的媒介，具有选择透过性，可以使混合物中的一部分组分被截留，同时允许其他组分通过，其选择性的强弱依赖于膜孔径的大小。膜可以是固态的，也可以是液态的；膜的结构可能是均质的，也可能是非均质的；膜可以是中性的，也可以是带电的；膜的传递过程可以是主动传递过程，也可以是被动传递过程。膜的分离过程是一个物理过程，在膜分离的过程中，组分没有发生化学的、生物的或热力学的变化。膜分离可以应用在污水和饮用水的处理上，也可以用在工业污水的回收和水回用等领域。

(二) 膜的分类

膜的分类有不同的标准，一般可以按照膜的结构、化学组成成分、分离机理和组建的几何形状等进行分类。一般应用于水处理的膜根据被截流的物质的粒径大小或分离过程原理，可以分为微滤膜、超滤膜、纳滤膜、反渗透膜和电渗析膜。其中，微滤膜可以去除悬浮物，并在膜生物反应器处理废水中得到了广泛应用；超滤膜可以截流粒径在 5~100nm 的大分子或是截流相对分子质量在几千到几十万的分子。超滤膜和微滤膜采用表面过滤机理去除细微颗粒物。超滤膜对水中的颗粒物的去除率与超滤膜分离层本身的孔径有关。如果膜表面完整性良好，去除效果可以得到保证。超、微滤技术比传统过滤有结构紧凑、节省占地、自动化程度高、化学药品用量少等优点。电渗析、纳滤和反渗透技术可以部分或是接近完全脱除水中的离子。反渗透和电渗析技术可以用于苦咸水的脱盐。本节关于膜性质和膜污染的讨论将主要针对有孔的超、微滤膜进行。

应用于膜生物反应器的超滤和微滤膜材料可以分为有机膜和无机膜，金属微滤膜也已经被开发出来。但是，无机膜和金属膜在膜生物反应器中的应用还不是十分广泛。各种材料制成的超滤和微滤膜大多包含一个较薄的表皮层，表皮层下部为一层较厚的多孔支撑层。一般来说，有机膜的膜表面空隙率较高。以前用于水处理的超滤膜以聚砜材料为主，随着应用领域的不断拓宽，对超微滤膜的机械强度、抗污染能力、化学稳定性、渗透性能和清洗恢复性等的要求也有所提高，促成了超微滤膜技术的发展和多样性。目前，超微滤膜材料主要为聚醚砜、聚偏氟乙烯、聚砜、聚丙烯腈、聚氯乙烯等膜，结构形式有中空纤维、管式、卷式和平板式等几种。

（三）膜的过滤操作方式

传统压力驱动的过滤操作对固液分离过程有两种操作方式，即死端过滤和错流过滤。微滤是在压力驱动下分离粒径较大的物质的过程，一般应用在对悬浮颗粒的分离，如微生物细胞、大的胶体颗粒和小的固体颗粒等。在微滤过程中，虽然很多因素会影响分离过程，如被分离介质和膜之间的弱静电作用以及被分离颗粒的形状，但是微滤的分离效果主要是由颗粒粒径大小决定的。微滤分离的主要机理就是在压力的驱动下，粒径大于膜孔径的将被截留，小于膜孔径的就会通过。对微滤膜过滤来说，错流过滤和死端过滤两种操作方式都有应用。

（四）膜污染

膜污染是指被过滤料液中的某些组分在膜表面或膜孔中沉积导致膜渗透量下降的现象，包括膜孔吸附小分子溶质、膜孔被大分子溶质堵塞引起

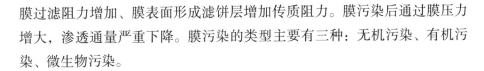

膜过滤阻力增加、膜表面形成滤饼层增加传质阻力。膜污染后通过膜压力增大，渗透通量严重下降。膜污染的类型主要有三种：无机污染、有机污染、微生物污染。

1. 膜污染的影响因素

（1）膜性质的影响

与膜污染有关的膜性质主要有材质、孔径大小、孔隙率、孔形状、电荷性质、亲疏水性和粗糙度等。康等人研究了厌氧MBR中聚丙烯膜、氧化硅陶瓷膜的过滤特性，发现大量的无机盐（$MgNH_4PO_6 \cdot H_2O$）在氧化硅陶瓷膜表面沉积，导致膜通量下降，而聚丙烯膜受无机盐沉积的影响较小，这种现象类似于化学上的"相似相溶"原理，同时用表面带电特性解释了氧化硅陶瓷膜的污染机理。研究人员一致认为，无机膜的通量远高于有机膜，但是高的造价限制了无机膜的推广应用。

梅雷莱斯等人研究了膜孔径大小对膜通量及膜污染的影响，发现随着膜孔径的增加，膜通量增加，但膜表面的受污染程度呈上升趋势，因此，存在一个最佳的膜孔径，使膜保持较大的通量，膜污染又不是十分严重。清水等人研究了膜孔径分布在 0.01 ~ 1.6μm 的一系列膜的过滤性能，发现孔径分布在 1μm 的膜具有最大的稳定通量和较强的抗污染能力。

有学者研究了壳聚糖聚醚砜复合膜在不同值条件下的表面电荷及其对蛋白质的吸附能力，在高值时膜表面带负电荷，具有较强的抗蛋白质污染能力；在低值时膜表面带正电荷，可以用于蛋白质的分离。有学者通过直通孔膜和内部联通孔结构膜的蛋白质过滤实验研究了膜孔形态结构对膜污染的影响。研究表明，直通孔膜的污染主要是由于蛋白质簇在膜表面沉积导致膜孔堵塞，而内部联通孔结构膜的污染较为缓慢，是由于滤液可以绕过被堵塞的膜孔在联通孔之间流动。

研究表明，亲水膜的抗污染特性比疏水性膜强，且亲水膜的渗透通量的下降速度较为缓慢。膜表面粗糙度的增加使膜表面吸附污染物的概率增加，但也增加了膜表面的扰动程度，阻碍了污染物在膜表面的形成，因而粗糙度对膜通量的影响是两方面效果的综合表现。

（2）操作条件的影响

MBR 的操作条件主要包括进水性质、污泥龄、污泥负荷、曝气量、反应器结构、操作压力、温度、抽吸时间等。膜面流速的增加可以增大膜表面水流扰动程度，改善污染物在膜表面的积累，提高膜通透性。其影响程度根据膜面流速的大小、水流状态层流或紊流而异，膜面流速并非越高越好，膜面流速的增加使得膜表面污染层变薄，有可能会造成不可逆的污染。

（3）活性污泥混合液性质的影响

MBR 中膜污染物质的来源是活性污泥混合液。而混合液的性质包括污泥浓度、污泥颗粒大小、污泥表面电荷、混合液所含胶体粒子及溶解性有机物浓度等。这些性质之间相互交叉、相互影响，因此，污泥混合液对膜的污染极为复杂。

有关污泥性质方面的研究有很多报道，特别是混合液中固体物质和溶解性有机物浓度影响的报道。研究一体式好氧生物膜反应器中影响聚丙烯膜污染的各种因素，发现胞外聚合物、活性污泥的相对疏水性和黏性对膜污染有影响。研究混合液中各组分对膜污染的影响，发现溶解性物质部分、胶体部分和悬浮固体部分在总过滤阻力中所占的比例分别为5%、30% 和60%。

膜的高效截留作用使生物反应器成为一个对微生物来说相对封闭的系统。伴随着污水生物处理过程而产生的部分溶解性微生物产物（SMP）有可能被膜截留，在生物反应器中积累，从而对系统的运行特性和微生物代谢特性产生影响，是生物处理出水中溶解性总有机碳（TOC）或 COD 的主要组成。SMP 部分主要产生于微生物的基质分解过程和内源呼吸过程，其组成非常复杂，是腐殖质、多糖、蛋白质、核酸、有机酸、抗生素和硫醇等多种物质的混合体。

2. 膜污染的延缓措施

（1）原料液预处理

预处理是指在原料液过滤前向其中加入一种或几种物质，使原料液的性质或溶质的特性发生变化。预处理包括物理处理和化学处理。物理处理通常包括预过滤和离心，以去除可能阻塞膜孔的悬浮颗粒。化学处理包括调节料液值，使其远离大分子或胶质污染物的等电点，以减缓形成凝胶层。二价离子如钙镁等通过在大分子链上架桥可以形成沉淀，而一价离子则可预防沉淀和污染，所以人们多通过离子交换以去除多价离子。化学处理还包括沉淀、聚集、絮凝、杀菌等，对原水进行紫外照射可有效去除由微生物增长带来的膜污染。而在膜生物反应器的运行过程中，研究发现，在活性污泥混合液中添加相应的离子，有利于减缓膜污染。另外，有研究发现，在最优的钙离子浓度下，泥饼层和孔堵塞阻力都有所降低，这可能是由于钙的架桥作用和疏水性的增加使丝状菌减少并使污泥颗粒状态变好。

（2）膜表面改性

MBR 中常用的膜材料为有机高分子膜，膜组件形式包括中空纤维式和平板式。有机高分子膜主要包括聚砜、聚丙烯腈、聚偏氟乙烯、聚烯烃类等。有机膜的亲疏水性对膜污染有较大影响，亲水性膜材料的抗污染性能更强，这就要求一些疏水性的膜材料如聚乙烯、聚丙烯、聚偏氟乙烯、聚砜等，用亲水性物质进行表面改性，对膜进行表面改性是解决膜污染的一种有效途径。

膜物理改性方法主要有表面涂覆改性和共混改性，表面涂覆改性主要用于分离膜的表面改性，而共混改性主要用于分离膜的基膜材料改性。

①表面涂覆改性。表面涂覆法是一种常用的对疏水聚合物膜进行亲水化改性的方法。通常的做法是将疏水膜置于水溶性聚合物、表面活性剂或两亲性聚合物的溶液中浸泡一段时间，待达到吸附平衡以后取出，或通过旋涂的方式将水溶性聚合物、表面活性剂或两亲性聚合物溶液直接涂覆于疏水膜的表面。研究者将聚乙烯醇涂覆在聚偏氟乙烯膜的内外表面，分析了用不同浓度聚乙烯醇溶液处理后涂覆层的结合力，结果表明聚乙烯醇浓度在某一值时可以获得结合力最强的涂层，且此时的膜通量最大。研究者在纳滤膜表面通过动态方式涂覆聚乙烯醇、聚丙烯酸和聚乙烯硫酸钾，涂覆后膜的抗污染性能明显增强，且通过酸洗结果表明，涂覆聚乙烯醇的膜酸洗后涂层连同污染物质一起脱落，膜通量得到恢复，而通过后两种带有负电性的聚合物涂覆的膜经简单的酸洗后，膜通量不能恢复。

表面涂覆法操作简便，效果明显，但也存在一些不足，最典型的是改性效果具有明显的时效性。因为涂覆的亲水层与基膜之间主要通过物理作用而不是化学键相结合，因此，随着过滤时间的延长和膜清洗次数的增加，亲水层逐渐从基膜表面剥离、脱落，导致膜的亲水性逐渐衰减。

②共混改性。根据聚合物共混相容性的理论分析和实验研究，可以选择合适的亲水性组分与高分子聚合物膜材料进行液相共混制得共混膜，它既具备疏水性材料良好的机械性与化学稳定性等性能，又具备第二组分的亲水特性，得到综合性能优异的膜。已报道的共混用亲水性聚合物有磺化聚苯乙烯、聚乙二醇、聚甲基丙烯酸甲酯、聚丙烯腈、聚醋酸乙烯酯、磺化聚砜、聚醚砜等。通过物理方法对膜材料进行表面改性简单易行，但存在改性后材料性能不均一、不稳定的缺点，随运行时间的延长，改性效果逐渐丧失。

③膜表面化学改性。化学改性被广泛应用，并且改性效果较好。与膜表面物理改性相比，膜表面化学改性使得功能基团以化学键与膜表面键合，在物质透过膜时不被溶解，不会引起功能基团的流失。此外，接枝反应发生在聚合物表面，不影响聚合物膜的内部结构，赋予聚合物膜新性质的同时不降低聚合物膜原有的优异性能。根据不同的改性目的，可在膜材料表面引入不同类型的接枝聚合物链。文献报道的接枝单体多为亲水性单体，主要有丙烯酸与甲基丙烯酸或其盐、丙烯酰胺、丙烯酸酯与甲基丙烯酸酯，如甲基丙烯酸聚乙二醇酯、甲基丙烯酸乙酯、乙酸乙烯酯及丙烯腈等。等离子体表面改性的原理是在等离子体反应器中，非聚合性气体被激发，生成离子、激发态分子、自由基等多种活性粒子，这些活性粒子进攻高分子材料表面，在表面引入特定官能团形成交联结构或表面自由基。通过等离子处理能使许多有机化合物聚合交联度高且仅对膜表面改性，不触及膜基体，在不同的底物上引入均匀且很薄的接枝链。等离子体处理可以非常方便地赋予膜表面良好的化学选择性和特定结构，在膜表面引入羟基、氨基和羧基等功能基团，还可直接或间接引发单体在膜材料的表面接枝聚合固定化。常用的等离子体气体有氧气、氮气、一氧化碳、二氧化碳、一氧化氮、二氧化氮、氨气、空气和水等。

紫外光接枝聚合是利用紫外光照射，在表面产生自由基，从而引发单体在材料的表面接枝聚合。紫外光辐照法是最有效的表面改性技术之一，该技术主要有以下显著的优点：操作费用低、反应条件温和、较高的表面选择性和材料表面性能可控性。根据本体材料性质的不同，紫外光接枝聚合可分为有光敏剂存在的间接接枝聚合和无光敏剂存在的直接接枝聚合。对聚醚砜进行光接枝改性时，采用紫外光照射聚醚砜膜表面，无须光敏剂即可在表面形成活性基团用于引发接枝聚合，而对于聚丙烯或聚乙烯等则需要有光敏剂才能进行光接枝改性。常用的光敏剂有酮类如二苯甲酮、安息香类如苯偶姻乙醚等。

　　④膜的抗菌改性。生物污染或生物膜的形成多是由于微生物吸附在膜表面造成的，这会造成膜分离性能的恶化。膜污染进一步发展就会形成泥饼层，这层泥饼层可以通过物理清洗方法去除。但是，在膜数月至数年的运行过程中，微生物层与膜的相互作用会逐渐增强。生物膜的形成会阻塞膜孔，并且活细菌和细菌代谢产物会使污染层变得更加致密。生物污染层只能通过化学清洗的方法去除，膜的性能却不能完全恢复，而且操作费用高。研究工作者还发现，随着生物污染层厚度的增加，在生物污染层内部会形成内在的缺氧环境，最终导致细胞溶解并释放出对膜性能有恶化作用的胞内多糖，因此，有必要发展抗微生物污染的膜材料。

　　降低聚偏氟乙烯商业膜生物污染的方法主要有两种：其一，通过表面光接枝改性在膜表面分别引入了季胺化的 2- 甲基丙烯酸、N，N- 二甲基乙酰胺、2- 丙烯酰胺和 2- 甲基丙磺酸聚合物，通过改变光接枝反应时间和单体浓度来改变对膜的改性程度；其二，通过聚醚亚胺和甲苯二异氰酸酯的界面交联反应对聚氟乙烯进行改性。改性膜与生物污染的关系通过对大肠杆菌的吸附来研究，结果表明，两种改性方法制得的膜对大肠杆菌都有抗菌性能。

　　通过考察对细菌的吸附性能研究了光催化剂涂覆的陶瓷膜抑制生物膜形成的能力。通过在氧化陶瓷超滤膜表面涂覆锐钛矿相二氧化钛光催化剂来阻止生物膜的生长，分别考察了膜的粗糙度、亲疏水性、细菌吸附能力和吸附的细菌活性，上述因素对细菌的吸附都有重要影响。结果表明，光催化剂涂覆后对膜的表面粗糙度影响较小，膜的疏水性降低，膜可以阻止还原假单胞菌的吸附并降低此菌的活性，此膜在水分离过程中能有效地阻止生物膜的形成。

　　⑤清洗。采用合理的设计和操作是减缓膜污染的有效措施，但运行一

段时间后，污染物开始在膜孔内附着，膜通量会急剧降低。在该条件下继续运行，泥饼层就会逐渐形成并压实。此时，只能采用清洗的方法才能恢复膜通量，主要清洗方法有化学清洗、物理清洗以及两种方法的组合。

第四节　微孔膜生物技术在污水处理中的应用

传统的含油污水处理方法是利用水和油之间的体积、质量差来进行分离操作，并应用之前确定的好氧生物方法进行处理。但是这种水油分离方法操作环境较差、运行操作费用较高、对污染物和污水处理的效果不理想。随着社会科技的发展，在水油处理操作上出现了一种由微孔膜分离组件和生物反应器共同组成的微孔膜生物反应器。微孔膜生物反应器是由微孔膜分离组件和生物反应器共同组成的一种新型工艺，具有出水方便、水质良好、运行方便、负荷高、稳定性良好等特点，被人们广泛地应用在含有洗涤废水的处理操作中，经过处理之后能够获得干净、稳定的水。这种工艺形式的水油处理效果良好，且具备良好的抗冲击能力，有效地替代了原有的含油污水处理方法。

一、微孔膜生物反应器的国内外发展状况

20 世纪 60 年代末期，德国道尔奥立弗艾姆科有限公司组织研发了首个办公用的 MBR，并且将它运到船舶污水处置处。当时普遍使用分置式构型，目前实际工程多采用浸没式 MBR。20 世纪 80 年代末，日本和美国相继开拓了中空 MBR 工艺（浸没式）。1985—1995 年期间，塞特福特组织推广出分置循环依赖工艺（多管式），应用于美国废水回用项目。我国 MBR 技术的研究虽然与国外相比较起步晚，但最近几年来 MBR 的探究应用和国外差不多同步，并且部分区域名列前茅。在我国膜工业协会联合撰写的《中国 MBR 产业发展白皮书》表明，截至 2013 年底，我国已经投入运转的大规模上万吨的 MBR 工程有 50 多个，处理能力超出每天 230 万吨。在华北地区，MBR 工程重点用于再生水回用与市政污水处置，在东南地区重点用来解决

难降解工业废水和高浓度有机废水。MBR 技术是将生化反应与膜分离相结合，省去二沉池，由膜组件实行泥水分离，使污泥与杂质贮存在反应池中，这就使 MBR 体系里的固态悬浮物的浓度比较大，防止了微生物的消耗。水力停留时间与污泥停留时间能够分别管控，无污泥扩张之忧。

二、港口含油洗涤废水的来源和设计参数

(一) 港口含油洗涤废水的来源

某公司以加工各种机械零件和机械修理为主，地点位于被规划过的港口加工贸易区。该公司在日常发展中所排放的废水主要由两部分组成，一部分是工厂生产过程中零件清洗产生的含油洗涤废水，包括工厂车间地面冲洗水、含阴离子洗涤废水，这些零件在清洗过程中还应用了大量的洗涤剂，由此也产生了大量的废水，这些废水呈乳白色黏稠状；另一部分是和工厂加工生产密切相关的厂区食堂、厕所、淋浴间等排放的生活污水，在这个过程中产生的废水质量比较稳定，产生的污染程度也比较低。

(二) 港口含油洗涤废水的设计参数

港口含油洗涤废水的处理量是每天 30 吨左右，废水水质和排放标准如表 4-1 所示。

表 4-1　港口含油洗涤废水的水质和排放标准

项目	pH	CODCr	BOD5	SS	LAS	BH$_3$-N
油泵房	8.0	3 208.078	1 380.0	416.0	32.0	20.0
总排放口	7.6	787.0	230	294.7	19.0	27.0
排放标准	6~9	100	30	150	1.0	2.0

废水首先经格栅去除生活污水、地面冲洗水和洗涤废水中的大颗粒污染物后，汇入调节池进行水质、水量的均化调节及酸化预处理，以提高污水的生化性，以减轻后续处理设施的负荷。经酸化预处理后的洗涤废水由污水泵提升至微孔膜生物反应器装置。经过酸化预处理后的污水在池中与

微生物进行充分接触，水中的有机污染物被微生物吸附、氧化、分解，同时由微滤膜组件替代沉淀池实现泥水分离，通过生物降解与微孔膜分离的共同作用，使污水中污染物浓度大大降低，即可达到污水排放标准。酸化调节池、微孔膜生物反应器装置所排出的污泥经污水提升泵提升至污泥浓缩池，经浓缩、干化后外运并集中处理。

1. 主要处理设备及构筑物

（1）酸化调节池

调节池主要用于均化水质、水量，在该池前端设置人工格栅用于隔除污水中的大颗粒污染物，防止堵塞污水提升泵的吸水口。调节池为钢筋混凝土结构，有效容积为 16.0m³，平面尺寸为 4 000mm×2 000mm×2 000mm，设计停留时间为 4.0h。调节池提升泵的技术参数为 Q=3.0m³/h，H=15.0m，0.75kW，一用一备；另设一台污泥提升泵，用于水解酸化池内污泥的提升，其技术参数为 Q=1.0m³/h，H=10.0m，0.75kW。

（2）微孔膜生物反应器装置

微孔膜生物反应器作为污水处理工艺流程中的主体装置，主要用于氧化、分解、去除污水中的有机耗氧物。该装置是由微孔膜组件和生物反应器构成的，用无机微孔膜组件替代沉淀池实现泥水分离，可大大提高反应器装置内的活性污泥浓度，有利于提高反应器的容积负荷，减少占地面积。生物反应池采用生物接触氧化法，内装填 PVC 网格状外壳、纤维丝的球形填料，比表面积为 600~1 000m²/m³，球体直径均为 100mm。经过生物降解和膜分离的共同作用，使水中有害物质含量大大降低。该装置具有处理效率高，操作管理方便等特点。微孔膜生物反应器装置采用一体化定型设备，设计处理量为 3.0m³/h，外型尺寸为 $L×B×H$=4 000mm×2 000mm×3 000mm。

（3）污泥浓缩池

污泥浓缩池为复合式污泥干化槽，它集污泥浓缩、脱水、干化于一体。该装置由微孔瓷砖和炉渣及多种化学添加剂，复衬作为过滤介质，该装置具有操作方便、使用寿命长、占地面积小等优点。污泥浓缩池为钢筋混凝土结构，设计处理量为 1.0m³/d，外型尺寸为 $L×B×H$=2 000mm×800mm×1 200mm。沉淀干化后的污泥定期清运、集中处理，上清液自行回流至酸化调节池。

（4）排水池

排水池用于稳定出水水质和取样化验，为钢筋混凝土结构，微孔膜生物反应器出水自动流入该池，出水管设置手动阀用于控制出水水量，以保持污水处理系统的水量平衡，同时在出水管上设取水口，用于日常水质监测化验的采样。

（5）其他部分

微孔膜生物反应器的供氧采用水下潜流曝气机进行，运行负荷为0.55kW，该种设备具有运行稳定可靠、维护量小、运行噪声低等优点。

为保持污水处理系统的长期稳定运行，设置了污水提升泵，通过酸化调节池内设置的浮球液位计可以在达到设计水位时自行启动污水提升泵自动向生物膜微滤器内排水。所有机电设备的控制开关均安置在控制箱内，经埋地敷设电缆引入厂房内。

2. 污染物去除效果

经过酸化调节池的预处理，可使污水中CODCr浓度降低10%～15%，污水的生化性得到了进一步提高，阴离子洗涤剂得到了有效地去除，有效减轻了后续生物处理的负荷。预处理后污水中的污染物在微孔膜生物反应器中得以去除CODCr、SS、LAS，其去除率均稳定在85%以上，各项污染物浓度均明显优于《污水综合排放标准》（GB8978—1996）的要求，主要污染物CODCr、SS、LAS的总去除率分别为96.8%、90.7%、88.7%，说明此项工艺具有良好的处理效果和抗冲击负荷的能力，设备运行稳定、可靠，工艺流程简捷合理。

3. 微孔膜生物反应器运行效果分析

根据实际运行经验表明，大部分COD是在生物反应器中被去除的，膜分离截留作用对稳定系统出水起到决定性作用。微孔膜生物反应器运行期间膜通量基本保持在0.15m³/（m²·h）。设计运行周期为30天，每一运行周期结束后，采用高压水冲洗膜面（视膜面污染情况历时为30～40min/次）和化学药剂清洗（采用5%的NaOH溶液在线反洗30～50min）相结合的方法，可使膜通量得到有效恢复。同时为保持膜系统的长期稳定运行，可采取下述措施：①保持反应器内良好的水力条件，加强膜周围水体的循环和空气对膜面的剪切作用；②加强污水的预处理，将部分溶解性有机物或微细胶体转化成固相，可以充分发挥膜分离的作用，格栅用于拦截去除大颗粒污染物，水解酸化可以有效去除部分有机物和提高污水的生化性；③保持稳定的运行条件，控制反应器内污泥的停留时间，定期适量排泥有利于提高反应器内生物活性。

第五节　气浮法在污水处理中的应用

一、气浮的基本概念

气浮就是在废水中通入空气，有时还需同时加入浮选剂或混凝剂（根据废水性质而定），使废水中的乳化油（粒径为 0.5～25μm 之间）或细小的固体颗粒黏附在空气泡上，随气泡一起上浮到水面，从而回收废水中的有用物质，同时净化了废水。对于废水中靠自然沉淀或上浮难于去除的悬浮物，可以考虑用气浮法来分离，如石油工业或煤气发生站的废水中所含的乳化油类，毛纺工业洗羊毛废水中所含的羊毛脂，选煤车间的细煤粉（粒径为 0.5～1mm），以及密度接近 1 的固体颗粒，如造纸工业废水中的纸浆，纤维工业废水中的细小纤维等，特别对于含乳化油类的废水，由于无须投加浮选剂，乳化油类本身就有黏附到空气泡上的趋势，所以近年来相当广泛地采用气浮法来处理。

二、气浮理论

为什么乳化油能黏附在空气泡上，而亲水性物质难于黏附呢？这个问题需要从表面张力现象来说明。由于液体表面分子所受的分子引力和液体内部分子所受的分子引力是不同的，因此表面分子受到不均衡的力，这不均衡的力要把表面分子拉向液体内部，即力图缩小液体表面面积，液体表面好像是绷紧了的弹性膜，这种力图缩小表面面积的力就是液体的表面张力。如果在液体表面上设想一条线，则表面张力与此线垂直，方向相反，大小相等，其单位为达因 / 厘米。所以当液体质量很小时，会力求成为圆球形，使表面积最小。如欲增大液体的表面积，就需做功，以克服分子间的吸引力，才能使分子由内部转移到表面。因此，液体表面分子比内部分子具有多余的能量，称作表面能。

表面能（尔格）= 表面张力（达因 / 厘米）× 表面积（平方厘米）

表面能是储存在表面上的位能，正如树上的苹果具有位能，时刻准备往地上掉，以减小其位能一样，表面能也有力图减至最小的趋势。

在两种互不相溶的液体（如石油和水）接触所产生的界面之间，两种液体的不同表面分子同样也因受力不均衡而产生表面张力，我们称为界面张力，如水与石油的界面张力可近似地写成：

$$\gamma_{水油} \backsimeq \gamma_水 - \gamma_油$$

其中，$\gamma_水$——水和空气界面的表面张力；

$\gamma_油$——油和空气界面的表面张力。

同样，界面能 = 界面张力 × 界面面积。

界面能也有减至最小的自然趋势，所以水中乳化油都呈圆球形，因同样体积下，圆球的表面积最小，其直径一般为 $0.5 \sim 25\mu m$，而且都有自然粘聚的趋势，因粘聚后可以有更小的界面总面积。

当把空气通入含乳化油的废水时，油粒同样也具有黏附到气泡上的趋势，以减少界面能。但并非任何物质都能黏附到气泡上，这取决于该物质的润湿性，即被水润湿的程度。各种物质对水的润湿性可用它们与水的接触角（θ）来表示（以对着水的角为准），$\theta > 90°$ 者称为疏水性物质，$\theta < 90°$ 者称为亲水性物质。

当气泡与颗粒共存于水中时，在未黏附以前，在颗粒和气泡的单位面积上的界面能各为 $\gamma_水 \times 1$ 和 $\gamma_{水气} \times 1$，这时单位面积上的界面能之和为：

$$W_1 = \gamma_水 + \gamma_{水气}$$

如前所述，因为界面能有力求减小的趋势，当颗粒黏附在气泡上时，界面能减小。在黏附面的单位面积上的界面能为：

$$W_2 = \gamma_气$$

因此，界面能的减小值为：

$$\Delta W = W_1 - W_2 = \gamma_水 + \gamma_{水气} - \gamma_气$$

该能量即转化为挤开水膜所做的功。

当颗粒处于平衡状态时，三相界面张力的关系是：

$$\gamma_水 = \gamma_{水气} \cos(180 - \theta) + \gamma_气$$

代入 $\Delta W = \gamma_水 + \gamma_{水气} - \gamma_气$ 得

$$\Delta W = \gamma_{水气}(1 - \cos\theta)$$

该式说明在水中并非所有物质都能黏附到气泡上。当 θ 趋于 0 时，$\cos\theta$ 趋于 1，$(1-\cos\theta)$ 趋于 0，这种物质不能气浮；当 θ 趋于 180°，$\cos\theta$ 趋于 -1，$(1-\cos\theta)$ 趋于 2，这种物质容易气浮。如乳化油类（$\theta > 90°$），其本身密度又小于 1，用气浮法分离就特别有利。当油粒黏附到气泡上以后，油粒的上浮速度将大大增加。例如，$d=1.5\mu m$ 水的油粒单独上浮时，速度小于 0.001mm/s，黏附到气泡后，由于气泡的平均上浮速度可达 0.9mm/s，即使油粒上浮速度增加 900 倍。对于细分散的亲水性颗粒（$d<0.5mm$ 的煤粉、纸浆等），若用气浮法进行分离，则必须将被气浮物质经过浮选剂处理，使被气浮物质成表面疏水性而附着于气泡上，同时浮选剂还有促进起泡的作用，可使废水中的空气泡形成稳定的小气泡，这样有利于气浮。

浮选剂大多数由极性和非极性分子组成。在任何分子中有带正电荷的质点——原子核，也有带负电荷的电子，对于每种电荷而言，都可以找到电荷中心，这一点称为分子的极。在分子中，正电荷中心与负电荷中心相重合，则分子为非极性分子，如由同一种原子所构成的双分子（H_2、N_2）或结构对称的分子（CH_4、CCl_4）。当正负电荷在分子内分布不均衡，正负电荷中心不重合，则为极性分子，如 H_2O、HCN、H_2S 等。

浮选剂的极性基团能选择性地被亲水性物质所吸附，非极性基团则朝向水，这样亲水性物质的表面就被转化成疏水性物质而黏附在空气泡上随气泡一起上浮到水面。

浮选剂的种类很多，根据矿冶工业浮游选矿的资料，大致分为下列几种，给排水工作者可以根据废水性质及当地条件通过试验选择。

①松香油及石油、煤油产品；

②含碳氢根的盐类——脂肪酸及其盐类，如环烷酸、硬脂酸、油酸钠等；

③极性基团上含两价硫的化合物，如硫醇、二硫代碳酸盐、三硫代碳

酸盐等；

　　④极性基团上含硫酸根阴离子的化合物，如硫酸烷酯等；

　　⑤极性基团上含氮或磷的化合物，如胺、吡啶等。

　　煤粉的浮选剂常用的有脱酚轻中油、柴油、煤油、松油等。根据我国的生产试验资料，采用大连石油七厂的柴油（1.44 克 / 升）及松油（0.09 克 / 升）能取得良好的浮选效果。

　　在一些工业、生活污水中往往含有密度近于 1.0 的微细悬浮颗粒，如乳化油、羊毛脂、细小纤维、化学溶剂和其他低密度固（液）体等。这些污染物难于用自然沉淀或上浮方法从污水中分离出来，而它们的存在又往往严重影响着活性污泥法的正常运行和出水水质，因此，气浮处理方法应运而生。随着现代工业的发展，含有上述污染物的污水越来越多，所以在考虑污水处理方案时，气浮处理（浮选）几乎成为处理流程中不可或缺的环节之一。气浮处理法就是将空气通入污水中，并在污水中产生大量的微小气泡作为载体，使废水中微细的疏水性物质、悬浮颗粒（固态颗粒或液态颗粒）黏附在气泡上，随气泡浮升到水面，形成泡沫层，气、水、颗粒三相混合体用机械方法撇除，从而使污染物得以从废水中分离的一种处理方法。众所周知，疏水性物质易气浮，而亲水性物质不易气浮，为了使亲水性的污染物也能气浮除去，需投加浮选（混凝）剂，以改变污染物的表面特性，使某些亲水性物质转变为疏水性物质，然后除去。在污水处理中采用的气浮法按气泡产生的方法可分为布气气浮、溶气气浮、电气浮等。溶气气浮即加压溶气气浮是将空气在一定压力下溶于水中，并达到饱和状态，然后突然减压，过饱和的空气便以微小气泡的形式从水中逸出。此方法形成的气泡粒度小（约 $80\mu m$）、分散度高，而且气泡与污水的接触时间可以控制，因而净化效果高，并可针对不同水质进行调节，适应范围广，在污水处理领域得到了广泛应用。随着气浮理论的不断发展完善，现代气浮理论认为，部分回流加压溶气气浮节约能源，能充分利用浮选（混凝）剂，处理效果优于全加压溶气气浮，而回流比为 50% 时处理效果最佳，所以部分回流（回流比为 50%）加压溶气气浮工艺是目前国内外最常采用的气浮法。浮选（池）一般设置在生物处理单元之前，物理处理单元之后，习惯上将其归为物理处理单元。为保证气浮效果，一般设为两级浮选。为了方便操作、节约投资、减少占地面积，平面布置时常将一、二级浮选池并列，一、二级浮选池间有 500mm 左右的液位差以保证污水从一级浮选池流动到二级浮选池，而取消提升泵，从而达到节能效果。在设计、施工时必须严格控制刮渣机拖架（板）、可调节堰和除渣槽顶的标高，这一点非常重要，是关键因素之一，否则会严重影响气浮效果（泡沫层无法用机械方法撇除），这也正是必须采用可调节出水堰的原因所在。

空气注入量的调节是浮选操作的另一关键因素，根据污水水质、浮选（混凝）剂和减压释放器的类型经反复实践而确定。研究证明，空气注入量控制在废水量的 6%～11% 效果最佳。溶气罐多为圆筒形，立式布置，容积按废水停留时间（2.5～3min）计算，罐中可装设隔板、瓷环之类，也有用空罐的。但空罐的容积利用系数小，设有隔板或瓷环等填料可以使气水混合体迂回流动，增加容积利用率。但是，增加容积利用率的同时，也加大了减压释放器堵塞的可能性，故目前用空罐的情况也很多。因为溶气罐内水、气相混合，所以一般按压力容器进行设计，罐顶设自动排气阀或罐底设自动减压阀以平衡压力，罐内压力一般控制在 0.45MPa 左右为宜，据此可以确定提升泵、回流泵和空压机的参数。

浮选（混凝）剂的投加是浮选池操作的又一个关键因素，它包含两方面：其一，投加时间，通常一级浮选池投加无机混凝剂如聚铝，二级浮选池投加有机高分子混凝剂如聚酰胺，这样能充分发挥这两种组分的絮凝和架桥作用；其二，投加量，这同样需要经反复实践来确定，首先应根据曝气池的生化需氧量（BOD）负荷来确定气浮池的去除率，其次泡沫层的稳定性要适当，目的是既便于浮渣稳定在水面上，又不影响浮渣的运送和脱水。投加方式最好采用泵前投加，这样既提高了混凝效果，又降低了运行费用。

减压释放器是浮选的关键设备之一，其作用是将溶气罐内的压力溶气水突然减压并在污水中产生大量的微小气泡作为载体，从而使污染物得以从废水中分离出来。实现上述目的并不困难，关键是如何防止堵塞，目前主要强调操作中的检查与维护。部分回流加压溶气气浮工艺在我国得到了广泛应用，其运行平稳高效，而且可以根据污染物浓度和处理深度的不同而调节各项参数。可以预见，气浮法在污水处理领域将发挥越来越大的作用。

第六节　活性污泥法工艺及其在天津港污水处理中的应用

一、活性污泥法的起源

(一) 水传播疾病与控制措施

1. 原虫性水传播疾病

(1) 蓝氏贾第鞭毛虫

1681年，列文·虎克在他自己的排泄物中发现了蓝氏贾第鞭毛虫；1859年，维勒姆·拉拇在小孩腹泻的大便中再次发现蓝氏贾第鞭毛虫；1954年，罗伯特·伦多夫用志愿者口服蓝氏贾第鞭毛虫包囊的方法证实了这种原生动物的感染性。蓝氏贾第鞭毛虫以包囊的形式随病人粪便排出，在环境中可以长期存活，人们通过摄入环境中处于耐受期的包囊而被感染。蓝氏贾第鞭毛虫是美国发病最频繁的肠道寄生虫，是水传播疾病中最常见的病因之一。

(2) 隐孢子虫

隐孢子虫为体积微小的球虫类寄生虫，广泛存在于多种脊椎动物体内。寄生于人和大多数哺乳动物体中的主要为微小隐孢子虫，由微小隐孢子虫引起的疾病称隐孢子虫病，它是一种以腹泻为主要临床表现的人畜共患性原虫病。1907年，泰撒尔首次发现隐孢子虫，直到1976年才被确认是人类的一种病原体，存在于免疫力低下的宿主粪便中。隐孢子虫的生活史复杂，包含有性和无性阶段。宿主从被污染的水、食物或直接接触中摄入卵囊；在小肠内，卵囊脱囊，放出4个子孢子，并吸附在黏膜的上皮细胞，与肠微绒毛融合并伸长，包裹子孢子；随后子孢子发育成滋养体，并进一步成为裂殖体；裂殖体在进行多重有丝分裂和细胞质分裂后，一个裂殖体生成8个第一代裂殖子；第一代裂殖子成熟后感染邻近的上皮细胞，并再次进行裂殖生殖，但只产生4个第二代裂殖子；在上皮细胞破裂后，裂殖子附着在未感染的上皮细胞并形成大配子母细胞或小配子母细胞，它们再次分裂并分别形成大配子或小配子，然后两种配子结合成合子，接着分化形成非孢子卵囊；卵囊从细胞表面脱落并随宿主的排泄物排出。

（3）溶组织内阿米巴自1875年费德尔·洛什首次在人体发现溶组织内阿米巴原虫以来，该病已给人和动物的健康带来了严重的影响，同时也造成了巨大的经济损失。溶组织内阿米巴能引起阿米巴痢疾血样腹泻，是世界上常见的三大寄生虫致死疾病之一，已经超过5亿人被感染，其中10万多人已死亡。溶组织内阿米巴有大小不一的两种孢囊——小孢囊和大孢囊，每个孢囊都在宿主体内产生8个滋养体。只有大孢囊与疾病有关，小孢囊只形成共生体（寄生虫从宿主得到好处，而宿主不被影响）。溶组织内阿米巴与蓝氏贾第鞭毛虫和隐孢子虫不同，它对消毒剂没有抗性。

2. 细菌性水传播疾病

由细菌引起，并经水传播，如霍乱、伤寒、副伤寒、细菌性痢疾等肠道传染病称为细菌性水传播疾病。细菌性水传播疾病的污染源为人畜粪便、污水及其他污物，其中以人粪便引起的污染最严重。常见的由病源细菌所引起的疾病也有经呼吸道传播的，军团病就是一个典型的例子。1976年，美国宾夕法尼亚州的退伍军人在费城一个旅馆开会，与会代表和家属约4 400名，其中221人相继发生肺炎，有34人死亡，军团病由此得名。事件发生6个月后，病原体被分离、鉴定，命名为嗜肺军团菌。军团菌广泛存在于自然界的河水、湖水和温泉水中，在医院、家庭、宾馆的热水管道或热水器中10%～50%有军团菌定植。被军团菌污染的尘粒、水蒸气雾滴等随人的呼吸进入呼吸道，引发疾病。我国自1982年在南京发现首例军团病以来，已有多起散发及小规模爆发流行。

3. 病毒性水传播疾病

病毒性水传播疾病是指病原体是病毒，包括肠道病毒、甲型肝炎病毒、轮状病毒和小球病毒等引起的饮水传播疾病。这些病毒能感染胃肠道并随粪便被排到环境中，在病毒感染者的粪便中，病毒粒子的数量高达10 114。病毒一旦被排入环境中，即可通过污水、地表径流、固体废弃物填埋及化粪池进入饮用水。近年来，越来越多的证据证明肠胃炎的主导病因也是病毒。

4. 水传播疾病的控制措施

19世纪末，由于人类认识到严重危害生命的霍乱、伤寒、痢疾等传染病是通过饮用水传播的，才第一次把水质与健康联系起来，于20世纪首次出现了饮用水的水质标准。全世界具有权威性、代表性的饮用水水质标准有三部：世界卫生组织的《饮用水水质准则》、欧盟的《饮用水水质指令》以及美国环保局的《国家饮用水水质标准》。

其他国家或地区的饮用水标准大都以这三部标准为基础或重要参考来制订本国国家标准。英国是第一个对饮用水中的隐孢子虫提出量化标准的国家，英国政府在1999年颁布了新的水质规则，要求存在隐孢子虫风险的供水企业应对出厂水进行隐孢子虫的连续监测，同时对饮用水中的隐孢子虫提出了强制性的限制标准。法国标准中的微生物学指标较全面，分别为耐热大肠菌群、粪型链球菌、亚硫酸盐还原梭菌、沙门氏菌、致病葡萄球菌、粪型噬菌体、肠道病毒，这7项指标并不包含在欧盟最新的饮用水指令中。

上海是我国最早制定地方性饮用水标准的城市之一，《上海市饮用水清洁标准》于1928年10月修订公布。1950年上海市人民政府颁布了《上海市自来水水质标准》，共有16项指标。1954年我国卫生部拟订了一个《自来水水质暂行标准草案》，有16项指标，于1955年5月在北京、天津、上海等12个大城市试行，这是新中国成立后最早的一部管理生活饮用水的技术法规。1959年，经国家建设部和卫生部批准，将该技术法规定名为《生活饮用水卫生规程》。1976年，国家卫生部组织制定了我国第一个国家饮用水标准，共有23项指标，定名为《生活饮用水卫生标准》(编号为TJ20—1976)，经国家基本建设委员会和卫生部联合批准。1985年卫生部对《生活饮用水卫生标准》进行了修订，指标增加至35项，编号改为GB5749—1985，于1986年10月起在全国实施。之后，该标准使用期长达21年。其间，国家卫生部于2001年6月下发了〔2001〕161号文件，规定于2001年9月1日实施《生活饮用水卫生规范》，其实质是对《生活饮用水卫生标准》(GB 5749—1985)的修订，但国家标准化管理委员会未予承认。

2006年6月，我国颁布了新的《生活饮用水卫生标准》(GB 5749—

2006）。新标准由卫生部下属的"中国疾病预防控制中心环境与健康相关产品安全所"负责起草，参加起草的包括水利部下属的"中国水利水电科学研究院""国家环境保护总局环境标准研究所"，以及与建设部有关的"中国城镇供水排水协会"。新标准与 GB 5749—1985 相比主要有如下变化：①水质指标由 GB 5749—1985 的 35 项增加至 106 项（其中常规检测项目 38 项，消毒剂常规指标 4 项，非常规检测项目 64 项），共增加了 71 项；②对原有的微生物指标进行了修订，微生物指标由 2 项增至 6 项，增加了大肠埃希氏菌、耐热大肠菌群、蓝氏贾第鞭毛虫和隐孢子虫；③修订了总大肠菌群，饮用水消毒剂由 1 项至 4 项，增加了一氯胺、臭氧、二氧化氯。

（二）早期城市污水的处理方法及活性污泥法的发现

1. 早期城市污水的处理方法

19 世纪后期，欧洲城市由于不能很好地管理城市污水，而且不断增长的工业又大大加重了城市排放废水的负担。在这种情况下，最便利的办法就是将这些废水就近排放到城市的河道，从而导致江河污染，水资源遭到破坏，水传染病流行。水体的严重污染客观上要求对城市污水进行处理。英美等国相继对污水进行处理实验，从事开发水处理技术的研究。

（1）土地处理

早期城市污水采用土地处理（一种生物处理法），利用土地以及其中的微生物和植物根系对污染水进行净化处理，污水的水分和肥分也可以促进农作物、牧草或树木的生长。19 世纪 70 年代就已经证实污水灌溉对污水有净化作用，当时人们用污水气味的变化来判断净化效果，很少用科学的方法检测进水和出水水质，也不了解有机物去除的科学原理。到了 19 世纪 90 年代已经有越来越多的证据证明，污水土地处理系统不是依靠化学氧化，而是依靠好氧和厌氧微生物。从 1893 年的一些数据分析可知，依靠土地处理系统，有机物的去除率为 66%，氮和磷几乎全部去除。

（2）生物滤池处理

在 19 世纪末，另外一种污水处理方法——生物滤池被用于城市污水处理。当时的生物滤池间歇运行，运行周期为 8h，其中进水 2h、停留时间

1h、缓慢排水 5h，有机物的去除率可以为 70%~75%。后来，英国的萨顿和埃克塞特建造的生物滤池增加了 24h 的污水预处理，萨顿采用的是敞口容器，埃克塞特采用的是密闭容器。1897 年，德国汉堡也进行了类似的生物处理实验。随后，在德国柏林附近的施坦斯多夫建立了第一座大型的间歇式生物滤池污水处理厂。

（3）化粪池处理

化粪池也是较早使用的一种污水生物处理方法，1896 年卡梅伦获得了此项发明专利，尽管当时化粪池的应用受到公众抵制，在英国它仍然以法律的形式被强制推行。以后，化粪池虽然没有在污水处理方面进一步发展，但它为污水厌氧处理奠定了基础。直到 20 世纪中期，许多农村家庭和一些小城镇的居民仍然依靠它处理室外厕所的粪便，在人口密度不大和土地不紧张的地方，化粪池依然是一种非常有效的废物处理方法。现在的化粪池作为储藏室将固体废物与液体分离，有机物在厌氧条件下发生生物降解，然后将废水排到渗滤场进一步处理，化粪池的剩余污物定期用泵排入罐车，运送到处理厂处理。

2. 活性污泥法的发现

为了寻找更有效的污水处理方法，1882 年，史密斯等人开始向污水中曝气，一方面可以避免厌氧条件下的恶臭气味，同时也认为氧气是氧化废水的一种必须物质，他们的初期研究并没有产生多大的实用价值。1893 年，马瑟等人发现在曝气的污水中产生的沉淀"杂质"能够促进污水净化。1897 年，福勒的污水处理实验也得到了同样的结果，水在净化的同时，还产生了能够迅速沉淀的物质。对此结果，福勒反而认为沉淀物会增加污水中的溶解物，污水会更难以处理。1912 年，克拉和盖奇在劳伦斯实验室也进行着类似的研究，他们不断地比较污水曝气的处理效果。在 1913 年以前，没有人会想到在曝气的污水处理实验中，通过添加污水处理沉淀物（好氧细菌污泥）可以更有效地处理污水。

1914 年 4 月 3 日，安登和洛克特发表了他们的研究成果：在实验瓶中加入 2.27L 污水，添加 25% 体积的沉淀污泥，加入少量的碱调节 pH，曝气，使水与污泥混合，污水中的碳和氮在 24h 内能够被完全去除。同年，他们在曼彻斯特市建立了第一座活性污泥法污水处理实验厂。此后，这种间歇式污水处理工艺被改进为连续式工艺。连续式污水处理系统包括曝气池、沉淀池和污泥回流。经过中试实验厂的实验研究，1920 年在英国的谢菲尔德建造了第一座具有工业规模的活性污泥污水处理厂。沉淀污泥这种微生物聚集的絮凝体开始应用于污水处理。

(三) 活性污泥法的发展

活性污泥是由多种好氧微生物和厌氧微生物与废水中的有机和无机固体物混凝在一起，形成的絮状体。活性污泥的结构和功能中心是细菌形成的菌胶团，在其上生活着放线菌、真菌、原生动物和微型后生动物等多种微生物。此外，活性污泥还凝聚和吸附一些无机物、未被微生物分解的有机物和微生物自身代谢的残留物，活性污泥中的微生物群落与非生物体构成了一个小的生态系统。巴特菲尔德、麦金尼和迪亚斯的研究表明，可以凝聚形成絮体、构成活性污泥核心的细菌种群有动胶菌属、丛毛单胞菌属、假单胞菌属、产碱杆菌属、微球菌属、棒状杆菌属、黄杆菌属、无色杆菌属、芽孢杆菌属、小球菌属、螺菌属和大肠杆菌等。构成活性污泥的微生物种群随着废水种类、化学组成和浓度 (微生物可获得的营养)、温度、溶解氧浓度、pH 等环境条件以及反应器运行条件的变化而变化，其中丝状细菌数量的变化对活性污泥的沉降性能有很大的影响。

在显微镜下，正常的活性污泥絮体较大，直径为 0.02 ~ 0.2mm，颜色呈茶褐色；絮体边缘清晰，呈现出一定的形态；絮体的主体是细菌的菌胶团，穿插生长着少量的丝状菌；絮体上还有微型动物，主要以固着类纤毛虫如钟虫、盖纤虫、累枝虫等为主，还包含少量的游动纤毛虫和轮虫。

通常活性污泥的含水率在 99% 左右，密度为 $1.002 \sim 1.006g/m^3$。活性污泥结构疏松，表面积很大，对有机污染物有着强烈的吸附和氧化分解能力。活性污泥还具有良好的自身凝聚和沉降性能。从废水处理角度来看，这些特点都是难能可贵的。

活性污泥法是在人工充氧的曝气池中，利用活性污泥去除废水中的有机物，然后在二次沉池使污泥与水分离，大部分污泥再回流到曝气池，多余部分则排出。普通活性污泥法处理系统由以下几部分组成：

1. 曝气池

曝气池使活性污泥与废水中的有机污染物充分接触、吸附和氧化分解有机污染物。

2. 曝气系统

曝气系统可供给微生物氧气，并起混合搅拌作用。

3. 二次沉淀池

二次沉淀池用以分离曝气池出水中的活性污泥，它是相对初沉池而言的（初沉池设于曝气池之前，用以去除废水中粗大的悬浮物）。

4. 污泥回流系统

将二次沉淀池中的一部分沉淀污泥回流到曝气池，以供应曝气池进行生化反应所需的微生物。

5. 剩余污泥排放系统

曝气池内污泥不断增加，增加的污泥作为剩余污泥从剩余污泥排放系统排出。

活性污泥法净化废水的能力强、效率高、占地面积小、臭味轻微，但产生剩余污泥量大，而且需要消耗一定的电能来向废水中不断供氧。

(四) 活性污泥法的分类

活性污泥法可根据不同特征进行分类。

1. 根据曝气池内的流态分类

活性污泥法可分为推流活性污泥法和完全混合活性污泥法。

2. 根据曝气方法分类

活性污泥法可分为鼓风曝气活性污泥法、机械曝气活性污泥法和鼓风—机械联合曝气活性污泥法。

3. 根据主要去除污染物分类

活性污泥法可分为以去除有机物为主的二级处理活性污泥法和去除有机物外还具有较强的脱氮除磷功能的强化处理活性污泥法。

(五) 活性污泥的特点与净化作用

活性污泥中复杂的微生物与废水中的有机营养物形成了复杂的食物链。在废水处理中，废水中有机物 (食料) 和活性污泥 (微生物) 的初期比值 (也称为污泥负荷) 一定，活性污泥经历了对数增殖期、衰减期和内源呼吸期三个阶段，在未充分适应基质条件时，开始还会有一个迟缓期。对数增殖期的微生物不受营养条件的限制，但此时凝聚性能差，分离效果不好，因而处理效果差，这种情况出现在高负荷活性污泥系统。在衰减期，由于营养条件，活性污泥的增长受到限制，因而增殖速率逐渐下降，这种情况下，污泥的凝聚沉降性能较好。在内源呼吸期，由于营养缺乏，微生物开始代谢自身细胞质。传统活性污泥法主要运行的负荷范围选定在微生物衰减阶段。

活性污泥净化废水由吸附和氧化两个阶段组成。在废水处理中，要使活性污泥保持良好的状态，吸附凝聚和氧化分解应保持适当的平衡。只要条件适当，活性污泥在与废水初期接触的 20 ~ 30min 内就可以去除 75% 以上的 BOD，这种现象称为活性污泥的初期吸附或生物吸附。初期吸附的基本原因在于活性污泥具有巨大的表面积，且其表面具有多糖类黏液层。如果废水中悬浮物或胶体有机物较多，则这种初期吸附的去除比率就大。此外，初期吸附量还与污泥的状态有关，如果吸附与氧化分解失去适当的平衡，原吸附的有机物未氧化分解完全，则初期吸附量就小；如果原吸附于污泥上的有机物代谢彻底，则二次吸附时的吸附量就大。但若回流污泥经历了长时期的曝气，使微生物进入了内源呼吸期，则其活性降低，再吸附能力也降低，初期吸附量也就低。

活性污泥的作用主要是氧化分解在吸附阶段吸附的有机物，同时也继续吸附残余物质。与吸附过程相比，有机物氧化分解作用进行得很慢，所需时间长。曝气池的大部分容积用于微生物进行有机物的氧化和细胞质的合成。

当有机营养物质和氧气充足时，活性污泥以合成为主，在新细胞合成的同时，还进行着部分老细胞物质的氧化分解。在有机营养物缺乏时，活性污泥自身分解成为主要的获能方式。

(六) 活性污泥的性能指标

活性污泥的性能决定净化效果的好坏，在吸附阶段，要求污泥颗粒松散、表面积大、易于吸附有机物；在氧化分解阶段，要求污泥的代谢活性高，可以快速分解有机物；在泥水分离阶段，则要求污泥有好的凝聚与沉降性能。反映活性污泥性能的指标有混合液悬浮固体浓度（污泥浓度）、耗氧速率、污泥沉降比、污泥体积指数和密度指数。

1. 混合液悬浮固体

混合液悬浮固体（MLSS）是指曝气池中废水和活性污泥的混合液体中悬浮固体浓度，工程上往往以 MLSS 作为间接计量活性污泥微生物量的指标。混合液悬浮固体的有机物量称为混合液挥发性悬浮固体（MLVSS），用它表示活性污泥微生物量比用 MLSS 更为切合实际。对一定的废水而言，MLVSS 与 MLSS 有一定的比值，如城市污水处理系统的曝气池中两污泥的比值为 0.7 左右。

2. 耗氧速率

耗氧速率（OUR）指污泥氧化基质对溶解氧的摄取速率，该值可以反映出活性污泥对基质的氧化活性。相同污泥浓度和有机物或氨氮浓度下（污泥负荷相同），污泥的耗氧速率高则表明污泥的氧化活性高。

3. 污泥沉降比

污泥沉降比（SV）是指曝气池混合液在 100mL 量筒中，静置沉降 30min 后，沉降污泥与混合液的体积比。正常污泥在静置 30min 后，一般可达到它的最大密度，所以沉降比可以反映出曝气池正常运行的污泥数量，用于控制剩余污泥的排放，还能反映出污泥膨胀等异常情况。由于 SV 测定简单，便于说明问题，所以是评价活性污泥特性的重要指标之一。一般城市污水处理系统的曝气池中活性污泥的 SV 值在15% ~ 30%，污泥沉降比超过正常运行范围时，则要分析原因。若污泥浓度过大，则要排除部分污泥；若污泥凝聚沉降性能差，则要结合污泥指数情况，查明原因，采取措施。

(七) 影响活性污泥性能的环境因素

1. 溶解氧

供氧是活性污泥法高效运行的重要条件，供氧量一般用混合液溶解氧的浓度控制。一般来说，好氧生物处理过程溶解氧浓度以不低于 2 mg/L 为宜。

2. 水温

好氧生物处理污水时，温度宜在 15 ~ 25℃ 范围内。温度较高时，气味明显，而低温会降低 BOD 等的去除速率。

3. 营养料

各种微生物体内含的元素和需要的营养元素大体一致。细菌的化学组成 (实验式) 为 $C_5H_7O_2N$，霉菌为 $C_{10}H_{17}O_6N$，原生动物为 $C_7H_{14}O_3N$，所以在培养微生物时，可按菌体的主要成分比例供给营养物质。微生物赖以生存的外界营养物质为碳 (有机物) 和氮 (氨氮或有机氮)，它们通常称为碳源和氮源。此外，还需要微量的钾、镁、铁、维生素等。

4. 有毒物质

有毒物质主要有重金属离子 (如锌、铜、镍、铅、铬等) 和一些非金属化合物 (如酚、醛、氰化物、硫化物等)，油类物质的量也应加以限制。

(八) 活性污泥法的运行方式

最早的活性污泥法是传统活性污泥法，经过长期的研究和实践，传统活性污泥法在曝气池的混合反应形式、运行方式、进水点的位置、污泥负荷率和曝气技术等方面得到了改进和发展，形成了许多新的类型。

曝气池混合形式有推流式和完全混合式两大类。推流式为长方形曝气池，它有如下特点：沿曝气池的长度方向上微生物的生活环境不断发生变化，即废水在流经曝气池的过程中，由于有机营养物被微生物所摄取，因而不断减少，甚至在池尾达到微生物内源呼吸的营养水平。在曝气池废水流入端，微生物对氧的消耗量大、利用速率高，而流出端氧的利用率很低。由于高负荷集中在废水流入端，因而对水质、水量、浓度等变化的适应性较弱。水质、水量等比较稳定时，可获得质量较好的处理水。

完全混合式（简称全混式）是废水与回流污泥一起进入曝气池后，立即混合均匀，使有机物浓度因稀释而降低。它具有以下特点：整个曝气池的环境条件一定，可有效地进行处理。整个曝气池的氧利用速度一定，供氧可以得到有效的溶解和利用，对流入水质、水量、浓度等变化有较强的缓冲能力，所以对 BOD 浓度较高的废水，也能获得稳定的处理效果。与推流式比较，全混式发生短流的可能性大。受曝气池池型和曝气方法的限制，池体不能太大。

（九）各种活性污泥法系统

1. 传统活性污泥法

传统活性污泥法又称普通活性污泥法，是早期开始使用并一直沿用至今的污水处理方法。原污水从曝气池首端进入曝气池内，二次沉淀池回流的污泥也同步注入；原污水与回流污泥形成的混合液在池内呈推流形式流动至曝气池末端；混合液从曝气池流出后进入二次沉淀池，污泥在重力作用下沉淀，实现固液分离；沉淀池的上清液作为处理水排出系统，污泥则部分回流曝气池，部分作为剩余污泥排出。

（1）活性污泥法的机理

在传统活性污泥法处理系统中，随着有机污染物在曝气池内的降解，活性污泥也经历了一个从池首端的对数增长，经减速增长到池末端的内源呼吸期的完整生长周期。由于有机污染物浓度沿池长逐渐降低，需氧量也逐渐降低，混合液溶解氧浓度沿池长逐渐增高，在池末端达到最高。传统活性污泥法系统对污水处理的效果极好，BOD 去除率为 90% 以上，适于处理净化程度和稳定程度要求较高的污水。

（2）传统活性污泥法的缺点

由于在曝气池前端有机污染物浓度高，耗氧速度快，为了避免形成厌氧状态，进水有机物负荷不宜过高。因此，需要修建大容积的曝气池，导致占用较多的土地，增加基建费用。曝气池的耗氧量沿池长变化，而供氧速度无法与之相适应，在曝气池的前段可能出现耗氧速度高于供氧速度的现象，而曝气池后段又可能出现溶解氧过剩的现象。因此，采用渐减供气的方式可在一定程度上解决这一问题。传统活性污泥法对进水水质、水量变化的适应性较低，运行效果易受水质、水量变化的影响。

2. 阶段曝气活性污泥法

阶段曝气活性污泥法系统是针对传统活性污泥法系统中存在的问题，在工艺上做了某些改革的活性污泥处理系统，于 1939 年在美国纽约开始应用并推广，应用效果良好。它与传统活性污泥法处理系统的主要不同点是污水的进入方式，原污水不再仅仅从池首进入，而是沿曝气池的长度分散地、均衡地进入。

阶段曝气活性污泥法具有以下特点：曝气池内有机污染物负荷及需氧率得到均衡，一定程度地缩小了耗氧速度与充氧速度之间的差距，有助于降低能耗；有助于提高曝气池对污水水质、水量冲击负荷的适应能力；混合液中的活性污泥浓度沿曝气池池长逐渐降低，流出的混合液污泥浓度较低，可以减轻二次沉淀池的负荷，有利于提高二次沉淀池的固、液分离效果。

3. 生物吸附法

生物吸附法在 20 世纪 40 年代后期出现在美国，又称生物吸附活性污泥法或接触稳定法。这种工艺运行方式利用了活性污泥对有机污染物降解的两个过程——吸附与代谢。

（1）生物吸附法的机理

当活性污泥与污水一起曝气时，污水的 BOD 依曝气时间而不同，BOD 值在 5 ~ 15min 内急剧下降，然后略微升高，随后又缓慢下降。BOD 值的第一次急剧下降是活性污泥对污水中有机污染物吸附的结果，这一现象称为初期吸附去除，随后略微升高是由于胞外酶将吸附的非溶解状态的有机物水解成溶解性小分子后，部分有机物又进入污水中使 BOD 值上升。此时，活性污泥中微生物进入营养过剩的对数增殖期，能量水平很高，微生物处于分散状态，污水中存活着大量的游离细菌，也进一步促使 BOD 值上升。随着反应的持续进行，有机污染物浓度下降，活性污泥中微生物进入减速增殖期和内源呼吸期，BOD 值又开始缓慢下降。

生物吸附法就是依据上述现象为基础而开创的，首先，污水和活性污泥（经过在再生池充分再生，活性很强）同步进入吸附池，在这里充分接触 30～60min，部分呈悬浮、胶体和溶解状态的有机污染物被活性污泥吸附，有机污染物被迅速去除；其次，泥水混合液流入二次沉淀池，进行固液分离，排放澄清水；最后，沉淀污泥则从二次沉池底部进入再生池，在这里进行分解和合成代谢反应，微生物逐渐进入内源呼吸期，使污泥的活性充分恢复，便于活性污泥进入吸附池与污水接触后能够充分发挥其吸附功能。

（2）生物吸附法的特点

生物吸附法与传统活性污泥法相比较具有以下特点：

①污水与活性污泥在吸附池内接触的时间较短（30～60min），吸附池的容积较小；再生池接纳的是已经排出剩余污泥的回流污泥，再生池的容积也比较小；两池容积之和小低传统活性污泥法曝气池的容积。

②对水质、水量的冲击负荷具有一定的承受能力。当吸附池内的污泥遭到破坏时，可由再生池内的污泥予以补救。

生物吸附法存在的主要问题是处理效果低于传统活性污泥法，不宜处理溶解性有机污染物含量较高的污水。

4. 延时曝气法

延时曝气法是 20 世纪 50 年代初期在美国开始应用的一种活性污泥方法，又名完全氧化活性污泥法。它的主要特点是 BOD、SS 负荷非常低，曝气反应时间长，一般多在 24h 以上。活性污泥在曝气池内长期处于内源呼吸期，剩余污泥量少且稳定，无须再进行厌氧消化处理。因此，这种工艺也是污水、污泥综合处理的工艺。此外，延时曝气法工艺还具有稳定性高，对原污水水质、水量变化有较强的适应性，无须设初次沉淀池等优点。

延时曝气法工艺的主要缺点是曝气时间长，池容大，基建费用和运行费用都比较高，占用土地面积较大。因此，延时曝气法只适用于处理对处理水质要求高且又不宜采用污泥处理技术的小城镇污水和工业废水，水量不宜超过 $1\ 000\text{m}^3/\text{d}$。

延时曝气活性污泥法一般采用完全混合式的曝气池。从理论上来说，延时曝气活性污泥系统是不产生污泥的，但实际上仍有剩余污泥产生，污泥主要是一些难于生物降解的微生物内源代谢残留物，如细胞膜和细胞壁等。

5. 完全混合法

完全混合法应用完全混合式曝气池，污水与回流污泥进入曝气池后，立即与池内混合液充分混合，可以认为池内混合液是已经处理而未经泥水分离的处理水。完全混合法工艺有如下特征：

①进入曝气池的污水很快被池内已存在的混合液稀释和均匀化，原污水在水质、水量方面的变化对活性污泥产生的影响将降到最低，具有较强的耐冲击负荷能力，适用于处理工业废水，特别是浓度较高的工业废水。

②污水在曝气池内分布均匀，各部位的水质相同，F/M 值相等，微生物群体的组成和数量几乎一致，各部位有机污染物降解工况相同，可以通过调整 F/M 值将整个曝气池的工况控制在最佳状态，在处理效果相同的条件下，其负荷率高于推流式曝气池。

③曝气池内混合液的需氧速度均衡，动力消耗低于推流式曝气池。

完全混合活性污泥法存在的主要问题是曝气池内各部位混合液的有机污染物质量相同、活性污泥微生物质与量相同，在这种情况下，微生物对有机物的降解动力较低，活性污泥易于产生膨胀现象。与此相反，在推流式曝气池内，相邻的两个过水断面由于后一断面上的有机物浓度、微生物的质与量均高于前者，存在有机物的降解动力，活性污泥产生膨胀的可能性较低。此外，在一般情况下，完全混合活性污泥法处理水的水质比推流式曝气池的活性污泥法的差。

6. 多级处理法

当原污水含有高浓度的有机污染物时，可以考虑采用二级或三级活性污泥法处理系统。多级活性污泥法处理系统的每一级都是独立的处理系统，都有自己的二次沉淀池和污泥回流，这样有利于回流污泥对污水的适应与接种。剩余污泥则可以分级排放，也可以集中于最后一级排放。运行经验证实，当原污水 BOD 在 300mg/L 以上时，首级活性污泥法系统宜采用完全混合式曝气池，因为完全混合曝气池对水质、水量的冲击负荷有较强的承受能力。若原污水 BOD 在 300mg/L 以下时，首级曝气池可以考虑采用推流式曝气池，建议采用阶段曝气活性污泥法系统。当原污水 BOD 在 150mg/L 以下时，无须考虑采用多级活性污泥处理系统。

采用多级活性污泥法系统可以获得高质量的处理水，但建设费用及运行费用都较高，只有在必要时考虑采用。

（十）活性污泥法系统的运行管理

1. 活性污泥的培养与驯化

（1）活性污泥的培养

对城市污水或与之类似的工业废水，由于营养物质和菌种都已具备，可采用该废水直接培养。培养方法为将废水直接注入曝气池并进行连续曝气，一般在 15～20℃下经一周左右就会出现活性污泥絮体。培养过程中要及时适当地换水和排放剩余污泥，以补充营养物质和排除代谢产物。换水的方法分间歇换水和连续换水。

1）间歇换水

曝气时，开始出现活性污泥絮体后，立即停止曝气，静置沉淀 1～1.5h，排放上清液，然后进水并继续曝气，以此循环往复。当曝气池中混合液的污泥沉降比大于 30% 时，说明池中污泥浓度已满足要求，培养成功。此时，污泥具有良好的凝聚和沉降性能，含有大量的菌胶团和纤毛虫类原生动物，去除率为 90% 左右。

2）连续换水

当池容积大、采用间歇换水有困难时，可改用连续换水。当池中出现活性污泥絮体后，可连续进水和污泥回流，由于起始阶段污泥量少，因此，污泥回流比也应减小，待污泥浓度逐渐增加时，适当加大回流污泥量，直

至达到设计值。当水温在 15~20℃时，污泥经两周左右即可培养成功。

(2) 活性污泥的驯化

如果工业废水的性质与生活污水的性质相差很大时，用生活污水培养的活性污泥应用于工业废水进行驯化。驯化的方法是在进水中逐渐增加工业废水，直到达到满负荷。

为了缩短培养和驯化的时间，可将两个阶段合并起来进行，即在培养过程中不断地加入少量的工业废水，使微生物在培养过程中逐渐适应新的环境。

(3) 活性污泥法在运行中常见的问题

1) 污泥膨胀

在二次沉淀池或加速曝气池的沉淀区，有时会出现污泥的膨胀与上浮现象。这时污泥结构松散，沉降性差，造成污泥上浮而随水流失。这样不仅影响出水水质，而且由于污泥大量流失，使曝气池中混合液浓度不断降低，严重时甚至破坏整个生化处理过程。

广义地把活性污泥的凝聚性和沉降性恶化，以及处理水混浊的现象总称为活性污泥膨胀。活性污泥膨胀是指污泥体积增大而密度下降的现象，描述污泥膨胀程度的指标有 30min 沉降比、污泥体积指数和污泥密度指数。一般认为曝气池混合液的污泥体积指数（SVI）为 100~200 属于正常；SVI大于 300 时，说明污泥已经膨胀；而 SVI 为 200~300，说明污泥即将膨胀。

引起污泥膨胀的原因很多，除了理化、生物及生化方面的原因外，还有运行管理和构筑物结构形式等方面的因素。

污泥膨胀可大致分为丝状膨胀和非丝状膨胀两种。大多数污泥膨胀属于丝状膨胀，这是由于丝状微生物的过量繁殖，菌胶团的繁殖生长受到抑制的结果。实际上，丝状菌对活性污泥絮体起骨架作用，如果没有足够的丝状菌，形成的活性污泥絮体结构不密实，在曝气池紊动水流的冲击下，容易破碎成细小的小絮体。这时虽然污泥沉降快，SVI 低，但出水混浊，这叫作非丝状膨胀。

当丝状菌过多，长出絮体的边界伸入混合液时，其架桥作用妨碍了絮体间的密切接触，致使沉降较慢，密实性差和 SVI 高，但这时的上清液可能很清澈。

当丝状菌存在的数目足以形成适宜的絮体骨架又无大量伸入溶液时，絮体大而浓密、沉降性好、SVI 低、上清液清澈，这是活性污泥的正常状态。

导致丝状菌过量繁殖的原因如下：

①溶解氧浓度。曝气池内溶解氧在 0.7～2.0mg/L 范围内，虽然都可能出现丝状微生物，但在低溶解氧条件下却能生长良好，甚至能在厌氧条件下生存。所以城市污水厂的曝气池溶解氧量最高应保持在 2.0mg/L 左右。

②冲击负荷。如果曝气池内有机物超过正常负荷，污泥膨胀程度提高，使絮体内部氧气消耗量提高，在菌胶团内部产生了适宜于丝状菌生长的低溶解氧条件，从而促使丝状微生物的分枝超出絮体，伸入溶液。丝状菌的分枝为细菌的聚合和较大絮体的形成提供了延伸骨架，加剧了氧的渗透困难，从而又导致了内部丝状菌的发展。

③进水化学条件的变化。一是营养条件变化，当细菌在磷含量不足时，C/N 升高，这种营养情况适宜丝状菌生活。二是硫化物的影响，过多的化粪池腐化水及粪便废水进入活性污泥设备会造成污泥膨胀。含硫化物的造纸废水也会产生同样的问题。一般通过加 5～10mL/L 氯加以控制或者用预曝气的方法将硫化物氧化成硫酸盐。三是碳水化合物过多会造成膨胀。四是有毒重金属的冲击负荷可抑制丝状菌生长，但不能使丝状菌消失并产生针点絮体，造成出水悬浮物提高和 SVI 降低。五是 pH 和水温的影响。丝状菌宜在高温下生长繁殖，而菌胶团则要求温度适中；丝状菌宜在酸性环境（pH 为 4.5～6.5）中生长，菌胶团宜在 pH 为 6～8 的环境中生长。

抑制污泥膨胀的方法有多种，概括起来就是预防和抑制。预防就是要加强管理，及时监测水质、曝气池污泥沉降比、污泥指数、溶解氧等，发现异常情况应及时采取措施。污泥发生膨胀后，要针对发生膨胀的原因，采取相应的抑制措施。当进水浓度大和出水水质差时，应加强曝气，以提高供氧量，最好保持曝气池溶解氧在 2mg/L 以上；加大排泥量，提高进水浓度，促进微生物新陈代谢，以新污泥置换老污泥；曝气池中含碳高而使碳氮比失调时，投加含氮化合物；加氯可以起凝聚和杀菌双重作用，在回流污泥中投加漂白粉或液氯可抑制丝状菌生长（加氯量按干污泥的 0.3%～0.4% 估计）。

2) 污泥上浮

①污泥脱氮上浮。在曝气池负荷小而供氧量过大时，出水中溶解氧浓度可能很高，使废水中氨氮被微生物转化为硝酸盐，这种混合液若在二沉池中经历较长时间的缺氧状态，则活性污泥会使硝酸盐转化成氮气。当活性污泥上氮气吸附过多时，由于密度降低，污泥就随气体上浮至水面。

防止此种污泥上浮，可以采取减少曝气、防止氨氮被微生物氧化为硝酸盐；及时排泥，增加回流量，减少污泥在沉淀池中的停留时间；减少曝气池进水量，以减少二沉池中的污泥量等措施。

②污泥腐化上浮。在沉淀池内污泥由于缺氧而腐化（污泥产生厌氧分解），产生大量甲烷及二氧化碳气体附着在污泥体上，使污泥密度变小而上浮，上浮的污泥发黑发臭。

造成污泥腐化的原因有二沉池内污泥停留时间过长，局部区域污泥堵塞。解决腐化的措施是加大曝气量，以提高出水溶解氧含量；疏通堵塞，及时排泥。此外，曝气池结构尺寸不合理，也能引起污泥上浮，主要是污泥回流缝太大，使大量微气泡从缝隙中窜出，携带污泥上浮；还有导流区断面太小，气水分离性较差，影响污泥沉淀。

③污泥的致密与减少。污泥体积指数减少会使污泥失去活性。在运行中，虽不及前一问题严重，但也应引起足够重视。引起污泥致密、活性降低的原因有进水中无机悬浮物突然增多；环境条件恶化，有机物转化率降低；有机物浓度减小。造成污泥减少的原因有有机物营养减少，曝气时间过长，回流比小而剩余污泥排放量大，污泥上浮而造成污泥流失。

解决上述问题的方法有投加营养料；缩短曝气时间或减少曝气量；调整回流比和污泥排放量；防止污泥上浮，提高沉淀效果。

④泡沫。当废水中含有合成洗涤剂及其他起泡物质时，就会在曝气池表面形成大量泡沫，严重时泡沫层可高达1m。泡沫的危害表现为：表面机械曝气时，隔绝空气与水接触，减小甚至破坏叶轮的充氧能力；在泡沫表面吸附大量活性污泥固体时，影响二沉池沉淀效率，恶化出水水质；有风时随风飘散，影响环境卫生。

抑制泡沫的措施有在曝气池上安装喷洒管网，用压力水（处理后的废水或自来水）喷洒，打破泡沫；定时投加除沫剂（机油、煤油等）以破除泡沫，油类物质投加量控制在 0.5 ~ 1.5mg/L 内（油类也是一种污染物质，投加过多会造成二次污染，且对微生物的活性也有影响）；提高曝气池中活性污泥的浓度，这是一种比较有效的控制泡沫的方法。

活性污泥曝气池表面出现的另一类泡沫为生物泡沫，类似污泥膨胀，这类泡沫是由污泥中一些微生物引起的。这类泡沫较难消除，需要从控制引发泡沫的微生物的生长方面考虑相应的措施。

（4）活性污泥法在运行中需要测定的主要项目

①污泥沉降比。应至少每天测定一次，一般而言，以 SV<30% 为好。②污泥指数。在标准活性污泥法中，以 SVI 为 50 ~ 150 较理想，达到 200 以上则认为污泥可能膨胀。③曝气池混合液悬浮固体浓度（MLSS 或 MLVSS）。标准活性污泥法中，通常 MLSS 为 1 500 ~ 2 000 mg/L。④生物相的显微镜观察。好的活性污泥在显微镜下看不到或很少看到分散在水中的细菌，看到的是一团团结构紧密的污泥块；不太好的活性污泥在显微镜下可以看到丝状菌，也可看到一团团污泥块；很差的活性污泥则丝状菌很多。鞭毛虫和游动型纤毛虫只能在有大量细菌时才出现，固着型纤毛虫（钟虫）存在于有机物很少、BOD 在 5 ~ 10mg/L 的废水中，轮虫在水质十分稳定、溶解氧充分时才出现。⑤反映微生物增长状态的项目。污泥中微生物的增长状态主要由基质和营养水平决定，相关的测定项目有 BOD、出水氨氮（至少 1mg/L）、出水磷（至少 1mg/L）、溶解氧（不低于 2mg/L）、二沉池出水中的 BOD（不低于 0.5mg/L）。⑥反映微生物环境条件及处理效果的项目。该项目主要有水温、pH、生化需氧量、化学需氧量及有毒物质等。

（十一）活性污泥法的应用

1. 处理城市污水

（1）国外城市污水处理

以城市污水为处理对象，活性污泥法得到了不断的发展。以活性污泥法为工艺，污水处理成为一个规模巨大的产业。从 20 世纪 70 年代起，欧洲各国河流的水质得到改善，城市及其周边环境开始变得洁净、美丽。1991 年欧盟通过城市污水处理法规（UWTD），UWTD 的主要内容是，首先将污水处理分为3个等级——一级处理、二级处理和三级处理，各国根据接受水体对污染的敏感程度，选择不同深度的级别；其次要求所有已建成的区域，根据其规模和所处的位置，必须在1998年、2000年或2005年年底以前逐步建立污水收集系统和处理系统。

克雷费尔德是德国北莱因—威斯特法伦州的一个中等城市，人口约25万人，20世纪60—70年代以纺织业著称，80—90年代主要以金属加工、纺织业、化工业、食品加工业为主。20世纪70年代初，该城市建成一级处理的污水处理厂，1991年该污水厂扩建为较大规模的污水厂，并在德国首次应用AB法生物处理工艺。

（2）我国城市污水处理

20世纪50—60年代，我国由于工农业生产刚刚起步，当时的水污染程度较低，且提倡利用污水进行农业灌溉，特别是北方缺水地区将污水灌溉利用作为经验进行推广，如著名的沈抚灌渠等，所以全国仅建设了近十座污水处理厂（包括1921年到1926年间外国人建的3座污水处理厂），在处理工艺上有的还是一级处理，处理规模也很小，每天只有几千立方米，最大的也只有 $5 \times 10^4 m^3$ 左右，致使污水处理技术和管理水平处于较落后的状态。

20世纪70—80年代，随着工农业生产的不断发展，人们生活水平逐步提高，城市污水的成分也随之发生变化，污染程度由低向高逐渐演变。一些发达国家由于污水的污染，使人们身体健康受到损害的沉痛教训，如日本骨疼病、水俣病，引起人们的关注和我国政府的高度重视，因此我国建立了国家级环保组织（国务院环境保护办公室），各高校也陆续设置环境工程系或环境工程专业。

20世纪70年代末，国务院环保办决定在天津投资兴建污水处理试验厂（天津市纪庄子污水处理试验厂），处理规模为一级处理 $0.1m^3/s$，二级处理 $0.025m^3/s$。此后，北京高碑店污水处理试验厂也开始运行。1982年天津纪庄子污水处理厂破土动工，1984年4月28日竣工投产运行，处理规模为 $2.6 \times 10^5 m^3/d$，填补了我国大型污水处理厂建设的空白。纪庄子污水处理厂自投产运行后，使黑臭的污水变为清流，环境效益影响全国。在全国人大和政协委员的呼吁下，北京、上海、广东、广西、陕西、山西、河北、江苏、浙江、湖北、湖南等省市根据各自的具体情况分别建设了不同规模的污水处理厂，使我国的污水处理厂由 20 世纪 60 年代的十几座发展到几十座。

20 世纪末至今，随着改革开放大好形势的不断深入，我国的污水处理事业也得到了快速发展。国外污水处理新技术、新工艺、新设备被引进我国，在应用传统活性污泥法工艺的同时，AB 法、CASS 法、SBR 法、氧化沟法、稳定塘法、土地处理法等也在污水处理厂的建设中得到应用，由过去只具有去除有机物功能的污水处理工艺发展为具有除磷脱氮多功能的污水处理工艺。国外一些先进的、高效的污水处理专用设备进入了我国污水处理市场，如格栅机、潜水泵、除沙装置、刮泥机、曝气器、鼓风机、污泥泵、脱水机、沼气发电机、沼气锅炉、污泥消化搅拌系统等大型设备。

建设大型城市污水处理厂的投资很大，而我国的建设资金有限，无法适应水污染治理的需要，引进国外资金建设污水处理厂成为污水处理建设事业的重要组成部分，从而也加快了我国城市污水处理厂的建设速度。一批大型的城市污水处理厂利用国外贷款项目相继建成投产，我国 20 世纪最大的污水处理厂——高碑店污水厂的处理规模为一期 $5 \times 10^5 \text{m}^3/\text{d}$，二期可达 $1 \times 10^6 \text{m}^3/\text{d}$；天津东郊污水处理厂的处理规模为 $1 \times 10^6 \text{m}^3/\text{d}$；成都三瓦窑污水处理厂的处理规模为 $4 \times 10^5 \text{m}^3/\text{d}$；杭州四堡污水处理厂处理规模为 $4 \times 10^5 \text{m}^3/\text{d}$；沈阳北部污水处理厂的处理规模为 $4 \times 10^5 \text{m}^3/\text{d}$；郑州王新庄污水处理厂的处理规模为 $4 \times 10^5 \text{m}^3/\text{d}$。这些大型污水处理厂的建成标志着我国污水处理事业的不断壮大，标志着污水处理技术在我国发展的成果，标志着我国政府对污水处理事业的重视，也标志着我国污水处理事业发展到一个崭新的阶段。截至 2007 年底，全国投运的城镇污水处理厂共 1 178 座，平均日处理水量为 5.3×10^7 吨。

2. 处理高浓度有机废水

(1)厌氧/好氧法

活性污泥法是在处理市政污水的过程中发展起来的，它主要用于生活污水的处理。生活污水是一种低浓度、易降解的有机废水。处理高浓度工业有机废水直接利用活性污泥法是不经济的，往往先采用厌氧处理的方法，然后再用活性污泥法进一步处理。例如，某淀粉厂废水中 COD 为 15 000～20 000mg/L，常采用厌氧/好氧法处理该污水。

（2）膜生物反应器法

膜生物反应器是将膜分离技术中的超微滤组件与污水生物处理中的生物反应器相互结合，利用微生物进行生物转化，凭借超滤膜进行固液分离的装置。膜生物反应器技术有着明显的优势：①能够高效地进行固液分离，分离效果远好于传统的沉淀池；②出水水质好，可直接回用，实现了污水资源化；③反应器内微生物浓度高，污泥龄长，对有机物的去除率高；④实现了反应器水力停留时间和污泥龄的完全分离，使运行控制更加灵活稳定，且耐冲击负荷；⑤基本实现了无剩余污泥排放，污泥处理费用少；⑥对于氮、磷污染物有较高的去除率；⑦占地面积小，工艺设备集中。目前，膜生物反应器已用于处理食品工业废水、水产加工废水、养殖废水、化妆品生产废水、染料废水、石油化工废水，均获得了良好的处理效果。

（3）深井曝气法

深井曝气法废水处理工艺是在20世纪70年代初，由英国皇家化学工业公司在进行利用好氧细菌生产单细胞蛋白的研究时，派生出来的一种污水处理工艺。它改变了传统生化法处理污水时氧的转移率，增大了氧气与液膜的接触面积，提高了氧的饱和浓度及其利用率，具有很好的处理效果。深井曝气法利用深井中的静水压力把氧的转移率从传统曝气法的5%～15%提高到60%～90%。此外，该方法还具有产泥少、受气温影响小、不产生污泥膨胀、占地面积小、效能高、能耗低、耐冲击负荷性能好、操作简单、易于管理、投资少等优点。因此，它广泛应用于现代化学合成工业的高浓度有机废水的治理，如塑料、合成纤维、合成橡胶、洗涤剂、染料、溶剂、涂料、农药、食品添加剂、药品等工业。

3. 处理有毒工业废水

（1）有机物工业废水处理

1）焦化废水处理

焦化废水是由煤制焦炭、煤气净化及焦化产品回收过程中产生的废水，受原煤性质及焦化产品回收等诸多因素的影响。焦化废水的成分非常复杂，相关研究表明，焦化废水中共有50多种有机物，其中苯酚类及其衍生物所占比例最大，约占60%以上；其次为喹啉类化合物和苯类及其衍生物，所占比例约为23%；其他化合物（吡啶、吲哚、联苯等）所占比例为17%。活性污泥法是传统的焦化废水生物处理技术，处理成本低，设备简单，我国初期建成的焦化厂多采用这种技术对焦化废水进行处理。随着我国废水排放标准中对氨氮控制要求的增加，出现了各种改进的活性污泥法，如序列间歇式活性污泥法（SBR）技术。试验研究表明，SBR技术是一种灵活有效的焦化废水处理方法，COD和氨氮均可以达标排放。

2）印染废水处理

在我国工业废水中，印染废水所占比例很高，因其有机物含量高、碱性大、水质变化大、废水量大等特点，成为难处理的工业废水之一。活性污泥法应用于印染废水的处理，具有处理费用低、运行稳定等优点。早期的印染废水处理主要靠传统活性污泥法，但该方法对废水中的残余染料和染色助剂难以处理，无法解决废水的色度问题。

采用改进的活性污泥法处理印染废水的技术应用十分广泛，主要改进方面有：①延长水力停留时间，使活性污泥絮体充分与废水中的有机物接触，分解难降解有机物；②提高反应池中的污泥浓度，以利于增强微生物的耐毒性，加快难降解有机物的分解速度；③与其他工艺相结合，如复合SBR法、复合式好氧生物法、复合式生物铁法、高浓度活性污泥法等，使印染废水的处理效果得到了明显提高，显示出活性污泥法在处理染料废水方面的潜力。

3）有机磷农药废水处理

我国农药年产量近3×10^5吨，其中80%是有机磷农药，每年排放的农药废水量在$1 \times 10^8 m^3$以上，其中已进行治理废水量的占总量的7%，治理达标的废水量仅占已处理总量的1%。农药生产过程中产生废水主要来自合成反应生成水、产品精制洗涤水以及设备和车间地面冲洗水。这些废水中含有无机磷、有机磷、无机氯、有机氯、硫化物和铵盐等，属于高COD、高盐量、毒性大和难生物降解、排放量大的工业废水。

从20世纪70年代开始，有机磷农药废水处理多采用传统的活性污泥法，将原废水稀释至COD为1 000mg/L左右进入曝气池，经处理后有机磷的去除率可达95%，出水COD达标，成本为0.9～1.2元/吨。传统活性污泥法处理有机磷工业废水具有处理量大、操作稳定、耐冲击负荷、易于管理、设备定型等优点。但是，活性污泥法处理受限于有机磷农药废水的浓度，进水 COD 一般仅为 1 000mg/L 左右，需要将原水大量稀释，从而造成处理装置庞大，处理效率较低。目前，一般采用物化加活性污泥法处理有机磷农药废水。

(2) 重金属工业废水处理

处理重金属工业废水常用物理化学方法，如吸附、离子交换、化学沉淀、膜分离和氧化还原法等，这些方法都具有二次污染严重、处理成本高等问题。过去人们认为活性污泥法不宜用来处理重金属工业废水，因为重金属工业废水中有机物较少，而且重金属对污泥中的微生物有很强的毒害作用。近年来的研究结果表明，通过改造现行的活性污泥法是可以处理重金属工业废水的。活性污泥对重金属的作用主要是吸附和胞内富集。吸附是微生物通过自身的结构或分泌物以及代谢产物来实现的，如动胶菌、蓝细菌等能够产生胞外聚合物（多糖、糖蛋白、脂多糖等）。这些胞外聚合物含有大量的阴离子基团，如羧基、磷酰基、硫酸根等，易与金属离子结合。胞外聚合物上的阳离子能与水溶液中的重金属离子进行离子交换，如藻酸盐中的 Na^+、Ca^{2+}、Mg^{2+} 能够与相应的阳离子 Cu^{2+}、Cd^{2+} 和 Zn^{2+} 进行交换，从而达到生物吸附重金属的作用。有实验已经证明，一些微生物是通过细胞壁中多聚糖上的氨基和羧基与金属之间的作用来吸附铜的。但是，许多微生物的吸附机理仍不是十分清楚，当前比较有影响的解释是巴斯韦尔等提出的"黏液说"和"含能说"。

微生物胞内积累重金属的机理是一般金属离子进入细胞体必须经过胞外结合和运输两个步骤，前者迅速且不需能量，后者缓慢并依赖能量及代谢系统调控。通常认为重金属进入细胞膜的传送机制与代谢作用传输钾、镁、钠离子相类似。但有相同电荷和离子半径近似的重金属离子共存时，传送系统可能会将这几种共存金属同时传入细胞体内，如 Cr（Ⅵ）在 pH 为 7~9 内主要以 $Cr_2O_4^{2-}$ 的形式存在，而 Cr- 与硫酸盐和磷酸盐结构相似，较易经过一般阴离子的传输渠道穿过细胞膜。在有还原性质物质存在的条件下，Cr（Ⅵ）作为电子受体，在酶的作用下可以进行细胞内还原。

二、活性污泥法在天津港污水处理中的应用

天津港南疆石化小区占地面积为175万平方米，包括美孚、壳牌、天津石化、大港油田等13家国内外著名石化企业、港口企业及相关单位生产区，日产生活污水为200m³。由于区内企业多，分布范围广，管线路由紧张，小区内生活污水处理问题极为复杂。经过充分论证，小区生活污水采用分散处理方式。

污水生物处理从总体上可分为两大类：人工处理方法和天然生态处理方法，其中人工处理方法主要包括活性污泥工艺和生物膜工艺。活性污泥工艺由于其较高的处理效率，且运行稳定可靠，在世界各地得到了普遍运用，已成为城市生活污水生物处理的主要方法。结合石化小区的实际情况，污水处理工艺采用序批式活性污泥法，它属于间歇式工艺（简称SBR工艺）。

第七节　重力分离法在含油污水处理中的应用

重力分离法是利用水中悬浮微粒与水的密度差来分离污水中的悬浮物，使水变澄清的方法。若悬浮物密度大于水的密度，则悬浮物在重力作用下下沉形成沉淀物；反之，则上浮到水面形成浮渣，通过收集沉淀物或浮渣使污水得到净化。前者称为沉淀法，后者称为上浮法。重力沉淀法是最常用、最基本、最经济的污水处理方法，几乎所有的污水处理系统都用到该方法。通常，重力分离可用于：①化学或生物处理的预处理；②分离化学沉淀物或生物污泥；③污泥浓缩脱水；④污灌的灌前处理；⑤去除污水中的可浮油。

一、沉淀和上浮

（一）沉淀和上浮作用

工业废水含有不同性质的悬浮物，如高炉煤气洗涤废水、选矿废水和洗煤废水中含有大量焦炭、氧化铁、矿石、煤粉等无机悬浮物，炼焦工业和煤气发生站排出的废水中含有大量焦油，肉类加工工业和皮革工业废水中含有大量有机悬浮物，石油工业废水中含有大量石油，它们大部分都是有用的物质，应回收利用。用沉淀和上浮的方法一方面可使废水得到一定程度的澄清，另一方面可以回收有用的物质。利用沉淀原理的废水处理构筑物有沉砂池、沉淀池等，利用上浮原理的废水处理构筑物主要是隔油池。

在废水处理与利用方法中，有些废水只需要经过沉淀处理就能满足要求，如生活污水及符合灌溉标准的工业废水，一般只要经过沉淀处理，废水就可进行农田灌溉。有些废水只需经沉淀就能重复利用，如炼钢车间烟道洗涤废水和选煤厂的洗煤废水，通过沉淀处理就能循环使用，沉淀下来的氧化铁渣和煤泥可回收利用。沉淀与上浮法常常作为其他处理方法的预处理。例如，用生物处理法处理废水时，一般需要先经沉淀去除大部分悬浮物并减少生化需氧量，且生物处理构筑物的出水还要通过二次沉淀做进一步处理；又如含油废水往往需要经过隔油后才能进一步处理。

（二）沉淀与上浮的基本原理

沉淀和上浮的实质是废水中的悬浮物在重力作用下与水分离。当悬浮物的密度大于1时就下沉，小于1就上浮。

废水中悬浮物沉降和上浮的速度是设计沉淀池和隔油池的重要依据，在自由沉降的情况下，其数值可用下式表示：

$$u = g/18\mu \ (\rho_s - \rho) \ d^2$$

式中，d——颗粒直径（cm）；

ρ_s——颗粒密度（g/cm^3）；

ρ——液体的密度（g/cm^3）；

μ——水的绝对黏滞度 [$g/(cm \cdot s)$]；

g——重力加速度（cm/s^2）。

此式又称斯托克斯公式，由上式可知，影响颗粒沉降速度的主要因素有颗粒密度 / 粒径和液体的密度与绝对黏滞度 [绝对黏滞度也可用泊来表示，1泊 =1 克 /（厘米·秒）]。

二、沉淀理论

根据污水中悬浮颗粒的浓度及其凝聚性能（彼此黏结、团聚的能力），沉淀可分为四种基本类型：自由沉淀、絮凝沉淀、区域沉淀（也称成层沉淀、集团沉淀或拥挤沉淀）和压缩沉淀。四种沉淀类型的发生条件及特征见表4-2。

表4-2　四种沉淀类型的发生条件及特征

沉淀类型	发生条件	主要特征	观察到的现象	典型例子
自由沉淀	悬浮物浓度不高	在沉淀过程中，颗粒呈离散状态，互不干扰，其形状、尺寸、密度等均不变，沉速恒定	水从上到下逐渐变清	砂粒在沉砂池中的沉淀
絮凝沉淀	悬浮物浓度不高，但有凝聚性	在沉淀过程中，颗粒互相碰撞、聚合，其质量、粒径均随深度而增大，沉速亦加快	水从上到下逐渐变清，观察到颗粒的絮凝现象	化学混凝沉淀；生物污泥在二沉池中的初期沉淀
区域沉淀	悬浮物浓度较高（>500 mg/L）	每个颗粒下沉都受到周围其他颗粒的干扰，颗粒互相牵扯形成网状的"絮毯"，整体下沉	水与颗粒群之间有明显的分界面，沉淀过程即该界面的下降过程	生物污泥在二沉池内的后期沉淀和浓缩池内的初期沉淀
压缩沉淀	悬浮固体浓度很高	颗粒互相接触、互相支承，在上层颗粒的重力作用下，下层颗粒间隙中的水被挤出界面，固体颗粒群被浓缩	颗粒群与水之间有明显的界面，但颗粒群比区域沉淀时密集，界面沉降速度很慢	生物污泥在二沉池泥斗及浓缩池内的浓缩过程

在同一沉淀池中的不同沉淀时间或不同深度可能存在不同的沉淀类型。如果用量筒来观察沉淀过程，会发现随沉淀时间的延长，不同沉淀类型会在不同时间出现（见图4-2）。图中时刻1沉淀时间为零，污水中悬浮物在搅拌下呈均匀状态；在时刻1与时刻2之间为自由沉淀或絮凝沉淀阶段；到时刻2时，水与颗粒层出现明显的界面，此时变为区域沉淀阶段，同时由于靠近底部的颗粒很快沉淀到容器底部，故在底部出现压缩层；在时刻2与时刻4之间界面继续匀速下沉，沉降区的浓度基本保持不变，压缩区的高度增加；到时刻5时，沉降区消失，此时称为临界点；时刻5和时刻6之间为压缩沉降阶段。实验时各时刻出现的时间和存在的时间长短与颗粒的性

质、浓度和是否添加药剂有关。

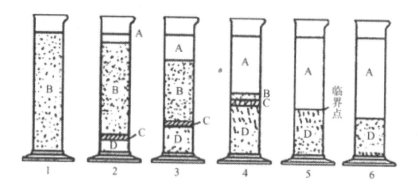

A—澄清区；B—沉降区；C—过渡区；D—压缩区

图4-2　不同沉淀时间的沉淀类型分布示意图

参 考 文 献

[1]   张自杰，林荣忱，金儒霖．排水工程（下册）[M]．北京：中国建筑工业出版社，1999．

[2]   郑俊，吴浩汀，程寒飞．曝气生物滤池污水处理新技术及工程实例[M]．北京：化学工业出版社，2002．

[3]   沈韫芬，章宗莎．微型生物监测新技术[M]．北京：中国建筑工业出版社，1990．

[4]   王凯军，贾立敏．城市污水生物处理新技术开发与应用[M]．北京：化学工业出版社，2001．

[5]   顾国维，何义亮．膜生物反应器——在污水处理中的研究和应用[M]．北京：化学工业出版社，2002．

[6]   周雹．活性污泥工艺简明原理及设计计算[M]．北京：中国建筑工业出版社，2005．

[7]   钱易，米祥友．现代废水处理新技术[M]．北京：中国科学技术出版社．

[8]   石丽娜，赵旭东，韩发．遥感技术在环境监测中的应用和发展前景[J]．贵州农业科学，2010(1)：175-178．

[9]   许海梁，熊德琪．船舶油污水处理技术进展[J]．交通环保，2000(3)：5-9．

[10] 陈鸥．温州港口岸线资源开发整合集约利用的研究[J]．中国港口，2012(4)：18-20．

[11] 任玉森．含油废水处理技术综述[J]．节能与环保，2003(7)：22-25．

[12] 戴军，袁惠新，俞建峰．膜技术在含油废水处理中的应用[J]．膜科学与技术，2002(1)：59-64．

[13] 杨维本，李爱民，张全兴，等．含油废水处理技术研究进展[J]．离

子交换与吸附，2004(5)：475-480.

[14] 杨晓玲，吴锡英．宁波港25万吨级原油中转码头油污水处理工艺的特点与分析 [J]．交通节能与环保，2006(1)：43-45.

[15] 李国一，王彬．港口含油废水处理技术现状及展望 [J]．水道港口，2007(3)：212-215.

[16] 喻泽斌，王敦球，张学洪．城市污水处理技术发展回顾与展望 [J]．广西师范大学学报(自然科学版)，2004(2)：81-87.

[17] 李哲，刘振华，张俊贞．SBR 法处理油田采出水 [J]．城市环境与城市生态，2000(1)：41-42.

[18] 李德豪，何东升，陈建军，等．膜泥法 A/O 工艺处理炼油污水工艺探讨 [J]．环境科学与技术，2000(1)：27-29.

[19] 谢磊，胡勇有，仲海涛．含油废水处理技术进展 [J]．化工中间体网刊，2003(16)：25-27.

[20] 邓波，祝威．生化法处理高温、高盐油田采出水 [J]．中国给水排水，2003(4)：76-78.

[21] 李源，雷中方，来松清．油田采出水的高温水解 – 好氧处理工艺研究 [J]．工业水处理，2003(7)：22-25.

[22] 黎跃东，叶艳．用超声气浮—BAF 组合工艺处理油田稠油污水 [J]．油汽田环境保护，2005(3)：31-34.

[23] 李德豪，周如金，钟华文，等．高效好氧废水处理 HCR 工艺的研究与应用 [J]．现代化工，2007(S2)：507-510.

[24] 孙殿武．HCR 工艺在化工废水处理中的应用 [J]．环境保护科学，2007(5)：30-32.

[25] 尤作亮，蒋展鹏．海水直接利用及其环境问题分析 [J]．给水排水，1998(3)：64-67.

[26] 崔有为，王淑莹，朱岩，等．海水代用及其含盐污水的生物处理 [J]．工业水处理，2005(10)：1-5.

[27] 赵天亮，秦芳玲．活性污泥法处理高含盐采油废水研究 [J]．西安石油大学学报(自然科学版)，2008(2)：63-66.

[28] 戴友芝，冀静平．厌氧折流板反应器对有毒有机物冲击负荷的适应

性 [J]. 环境科学，2000(1)：94-97.

[29] 王新刚，关卫省，吕锡武. 水解酸化——生物接触氧化处理高盐含油废水研究 [J]. 工业水处理，2006(10)：43-45.

[30] 柏松林，丁雷. 水解酸化工艺改善油田采出水生物降解性能 [J]. 哈尔滨商业大学学报（自然科学版），2006(5)：35-37.

[31] 白雪梅，杨雪梅，张秋香. 水解酸化工艺及其处理炼油废水的研究应用 [J]. 内蒙古科技与经济，2007(17)：100-101.

[32] 赵健良，童昶. 厌氧（水解酸化）- 好氧生物处理工艺及其在我国难降解有机废水处理中的应用 [J]. 苏州大学学报（工科版），2002 (2)：84-88.

[33] 陈卫玮. MBR 膜生物处理技术及其在废水回用中的应用和进展 [J]. 中国建设信息（水工业市场），2007(8)：52-57.

[34] 丁毅，张传义，袁丽梅，等. MBR 在污水处理中的应用与研究进展 [J]. 给水排水，2007(11)：170-173.

[35] 刘锐. 一体式膜 - 生物反应器处理生活污水的中试研究 [J]. 给水排水，1999(1)：1-4.

[36] 于德爽，李津，陆婕. MBR 工艺处理含盐污水的试验研究 [J]. 给水排水，2008(3)：5-8.

[37] 叶丹. 一体式膜生物反应器处理高盐含油废水的试验研究 [D]. 西安：长安大学，2005.

[38] 杨超. 膜法水处理技术在城市污水回用中的研究 [D]. 北京：中国地质大学，2006.

结 束 语

　　港口是一个国家对外开放的窗口，是发展外向型经济的重要枢纽，在国民经济中占有重要的地位。本书为了更加全面、及时、定量地掌握港口油污染现状，深入剖析了港口的发展动态及港口污染处理技术，对港口含油污水常用的重力分离法、气浮法、生物膜氧化、絮凝以及吸附工艺原理及处理效果进行了综述，详细介绍了国内港口含油污水的来源、特点、危害以及含油污水处理系统的处理工艺，总结了港口含油污水处理技术取得的进展及现有港口含油污水处理技术。

　　综上所述，近年来，国内同行在港口含油污水的处理方面已经开展了卓有成效的研究工作，并已有一些成功的工程实例投入运行，在油类污染物的去除上取得了较为满意的效果。但是，我们也应看到，港口含油污水的处理问题仍未得到彻底解决，今后含油污水处理工作的方向主要集中在以下几个方面：

　　①随着排放标准的日益严格，尤其是现有工艺对于 COD 等有机污染物的去除远不能满足排放标准的要求，对于含油污水深度处理技术的研究以及工程化应用将成为今后工作的重点，如开发新型高效吸油材料等。

　　②现有除油技术存在占地大、除油效果不稳定、抗冲击能力弱等缺点，如果需要对含油污水进行后续深度处理（生化处理），就要求前段的除油工作具有较高的保证率，否则一旦有大量石油类污染物进入后续处理工艺，将使系统瘫痪，所以开发高效、稳定、经济的新型除油工艺必将成为今后除油工作的主要研究方向。

　　③国家对于中水回用工作的重视程度日益增加，尤其对于渤海湾地区的港口，将逐步减少污水排放量直至不向渤海湾排放一滴污水，开发处理效率高、抗冲击能力强、经济高效、能够满足中水回用的处理工艺将成为该领域的一个新发展方向。